畜禽养殖防疫消毒技术指南系列丛书

U0271976

养牛防疫
消毒技术指南

庄桂玉　主编

中国农业科学技术出版社

图书在版编目（CIP）数据

养牛防疫消毒技术指南 / 庄桂玉主编 .—北京：中国
农业科学技术出版社，2017.7
ISBN 978-7-5116-3113-8

Ⅰ . ①养… Ⅱ . ①庄… Ⅲ . ①牛病－防疫－指南②牛
养殖场－消毒－指南 Ⅳ . ① S858.23-62

中国版本图书馆 CIP 数据核字（2017）第 138782 号

责任编辑 张国锋
责任校对 李向荣

出 版 者 中国农业科学技术出版社
　　　　　北京市中关村南大街 12 号 邮编：100081
电　　话 （010）82106636（编辑室）（010）82109702（发行部）
　　　　　（010）82109709（读者服务部）
传　　真 （010）82106631
网　　址 http://www.castp.cn
经 销 者 各地新华书店
印 刷 者 北京富泰印刷有限责任公司
开　　本 850mm×1168mm 1 /32
印　　张 4.875
字　　数 140 千字
版　　次 2017 年 7 月第 1 版　2017 年 7 月第 1 次印刷
定　　价 20.00 元

编写人员名单

主　编　庄桂玉

副主编　武传芝　初莉莉

编写人员

李连任　侯和菊　季大平　李长强　闫益波

李　童　李升涛　王宗海　初莉莉　武传芝

郭长城　朱　琳　徐从军　卢成合　卢纪忠

前　言

近年来，在我国建设农业生态文明的新形势下，规模化养殖得到较快发展，畜禽生产方式也发生了很大的变化，给动物防疫工作提出了更新、更高的要求。同时，随着市场经济体制的不断推进，国内外动物及其产品贸易日益频繁，给各种畜禽病原微生物的污染传播创造了更多的机会和条件，加之畜禽养殖者对动物防疫及卫生消毒工作的认识普及和落实不够，传染病已成为制约畜禽养殖业前行的一个"瓶颈"，并对公众健康构成了潜在的威胁。为了有效地防控畜禽疫情，贯彻"预防为主"的方针，采取综合防控措施，就越来越显得重要，而消毒、防疫可杀灭或抑制病原微生物生长繁殖，阻断疫病传播途径，净化养殖环境，从而预防和控制疫病发生。

为了适应畜禽生产和防疫工作的需要，笔者编写了这套《畜禽养殖防疫消毒技术指南》丛书。书中比较系统地介绍了消毒基础知识、消毒常用药物和养殖现场包括环境、场地、圈舍、畜（禽）体、饲养用具、车辆、粪便及污水等的消毒技术、方法以及畜禽疾病的免疫防控等知识，内容比较全面，力求反映国内外有关的最新科技成果，突出怎样消毒，如何防疫，注重实用性和可操作性，通俗易懂，科学实用，可供广大养殖场、养殖专业户和畜牧兽医工作者参考。

由于作者水平有限，加之时间仓促，因此对书中讹误之处，恳请广大读者不吝指正。

编　者
2017年2月

目　录

第一章 牛场消毒

第一节 消 毒

一、消毒的概念

消毒就是用物理、化学或生物方法杀灭或清除外界环境中的病原微生物。这里所说的外界环境，一般是指无生命的物体及其表面。但近年来，将清除或杀死动物体表皮肤黏膜及浅表体腔的有害微生物也称为消毒。灭菌是指杀灭物体上包括病原微生物在内的所有微生物，是一种彻底消毒措施。

二、消毒的意义

消毒是贯彻预防为主方针，开展综合性防制的重要措施。其目的是消灭传染源排到外界环境中的病原体，以切断传播途径，阻止传染病的发生和继续蔓延，从而做到防患于未然。在当前疫病较为复杂的情况下，进一步加强和搞好消毒工作具有重要的经济意义和现实意义。

三、消毒的种类

根据消毒的目的不同，可把消毒分为如下 3 种。

（一）预防性消毒（又称定期消毒）

在没有发生疫病时，以预防感染为目的，进行经常性的消毒，消灭生活环境中可能存在的各种病原体。预防性消毒的重点是牛舍、饮水、栏圈、饲养用具、运输工具、活牛交易所、牛产品加工场、仓库、工作服、鞋帽、器械等。

（二）紧急性消毒

在发生流行疫病时，直到疫病扑灭之前（即疫情发生期间）所进行的消毒称为紧急消毒（又叫随时消毒）。这种消毒可以减少或消灭病原体，切断传染途径，防止传染病的蔓延。由于病牛的排泄物含有大量的病原体，带有很大的危险性，因此必须反复多次消毒。消毒前应封锁管制。在解除隔离或封锁前，对隔离病牛用的圈舍，每天应消毒一次。凡与病牛接触过的和能使传染病蔓延的器物和排泄物，如栏舍、墙壁、饲养工具、垫草、粪便、污水和工作人员的衣物、器械等都要进行彻底消毒。同时，消毒药的浓度也要比预防消毒适当提高。如必须带畜消毒时，则应选择对人畜无害的消毒药物。

（三）终末消毒（又称巩固消毒）

发生传染病以后，待全部病牛处理完毕，即当全部牛群中的患牛痊愈或最后一只牛死亡后，经两周再没有新的病例发生；或在疫区解除封锁之前为了消灭疫区内可能残留的病原体，巩固前期的消毒效果所进行的全面彻底的大消毒，所以又叫善后消毒或巩固消毒。

四、消毒的方法

（一）物理消毒法

1.机械清除与消毒

主要是通过清扫、冲洗、洗刷、通风、过滤等机械方法清除环境中的病原体，是常用的一种消毒方法，但是这种方法不能杀灭病原菌。在发生疫病时应先使用药物消毒，再机械消毒。

应用肥皂刷洗，流水冲净，可消除手上绝大部分甚至全部细菌，使用多层口罩可防止病原体自呼吸道排出或侵入。应用通风装置过滤器可使手术室、实验室及隔离病室的空气保持无菌状态。

2. 干热消毒

是指通过焚烧法、灼烧法、热空气消毒法，以达到消毒的目的。

（1）日光消毒法　是指将物品放在阳光下暴晒，利用光谱中的紫外线、阳光的灼热和蒸发水分造成干燥等，使病原微生物灭活而达到消毒的目的。

（2）火焰或焚烧消毒　通过火焰喷射器喷火或焚烧处理达到彻底消毒的目的。凡经济价值小的污染物、金属器械和尸体等均可焚烧消毒，简便经济、效果稳定。

（3）煮沸消毒　耐煮物品及一般金属器械均用本法，100℃ 1~2分钟即完成消毒，但芽孢则需较长时间。炭疽杆菌芽孢需煮沸30分钟，破伤风芽孢 3 小时，肉毒杆菌芽孢 6 小时。金属器械消毒，加 1%~2% 碳酸钠或 0.5% 软肥皂等碱性剂，可溶解脂肪，增强杀菌力。棉织物加 1% 肥皂水 15 升 / 千克，有消毒去污之功效。物品煮沸消毒时，不可超过容积的 3/4，应浸于水面下。注意留空隙，以利对流。

（4）流通蒸汽消毒　是将不能煮沸而潮湿的物品放入蒸笼或特制的柜内密封后，充入蒸汽，一般 30 分钟左右即可达到消毒的目的。

（5）巴氏消毒　加温到 60℃ 经 30 分钟称为低温巴氏消毒，加温到 85~87℃ 经几分钟为高温巴氏消毒。此种方法经常用于牛奶的消毒，既可以杀灭或灭活病原菌，又不致严重损害其营养成分。

（6）高压蒸汽消毒　是指用高压高温的蒸汽，使病原微生物丧失活性的一种消毒方法。常用于耐高湿热的物质，如培养基、玻璃器皿、金属器械的消毒灭菌。

（7）干热灭菌消毒　利用热空气灭菌以达到消毒的目的，如控制在 140~160℃ 维持 2 小时可以杀死全部细菌和芽孢。一般使用电热干燥箱。

3. 辐射消毒

有非电离辐射与电离辐射两种。前者有紫外线、红外线和微波，后者包括丙种射线的高能电子束（阴极射线）。红外线和微波主要依靠产热杀菌。

电离辐射设备昂贵，对物品及人体有一定伤害，故使用较少。目前应用最多为紫外线，可引起细胞成分、特别是核酸、原浆蛋白和酸发生变化，导致微生物死亡。紫外线波长范围 2 100~3 280 埃（编者注："埃"为长度单位，1 埃 =10^{-10} 米 =0.1 纳米），杀灭微生物的波长为 2 000~3 000 埃，以 2 500~2 650 埃作用最强。对紫外线耐受力以真菌孢子最强，细菌芽孢次之，细菌繁殖体最弱，仅少数例外。紫外线穿透力差，3 000 埃以下者不能透过 2 毫米厚的普通玻璃。空气中尘埃及相对湿度可降低其杀菌效果。对水的穿透力随深度和浊度而降低。但因使用方便，对物品无损伤，故广泛用于空气及一般物品表面消毒。照射人体能发生皮肤红斑、紫外线眼炎和臭氧中毒等。故使用时人应避开或用相应的保护措施。

日光暴晒亦依靠其中的紫外线，但由于大气层中的散射和吸收作用，仅 39% 可达地面，故仅适用于耐力低的微生物，且需较长时间暴晒。此外，过滤除菌除实验室应用外，仅换气的建筑中，可采用空气过滤，故一般消毒工作难以应用。

（二）化学消毒法

化学消毒是指用化学药物作用于微生物和病原体，使其蛋白质变性，失去正常功能而死亡。目前常用的有含氯、氧化、碘类、醛类、杂环类气体、酚类、醇类和季铵盐类消毒剂等。

（三）生物消毒法

最常用最简单的消毒方法，主要消毒大量废物、污物、粪便等，但消毒作用的时间较长。其方法是将废物、污物、粪尿堆积在一起，表面加盖约 10 厘米厚的土泥或喷洒消毒药液，经 3~6 周的时间，通过微生物发酵产热杀死病原体和寄生虫幼虫及虫卵。

（四）综合消毒法

综合消毒法就是机械的、物理的、化学的、生物的消毒方法综合起来进行消毒，在实际工作中多采用，以确保消毒的效果。

五、牛场消毒的误区

1. 药物选不准

不同的微生物对消毒剂的敏感性存在很大差异，消毒必须选准药物，选不准药物，既造成浪费，还会带来危害。如：杀死病毒、芽孢，应选用具有较强杀灭作用的氢氧化钠、甲醛等消毒剂；皮肤、用具消毒或带畜空气消毒，应选用无腐蚀、无毒性的表面活性剂类消毒剂，如新洁而灭、洗必泰、度米芬、百毒杀等；饮水消毒，应选用容易分解的卤素类消毒剂，如漂白粉、次氯酸钙等。

2. 配制不恰当

为了增强杀菌效果或减少药物用量，可将两种或两种以上的消毒剂配合使用，如：可以使用高锰酸钾与甲醛进行熏蒸消毒，将1%高锰酸钾混入1.1%盐酸溶液中，将氯化铵或硫酸铵与氯胺以1:1的比例配合使用。但如果配合不恰当，就容易产生物理性或化学性的配伍禁忌，严重影响消毒效果。如：酸性消毒剂不能与碱性消毒剂配合使用，肥皂、合成洗涤剂等阴离子表面活性剂不能与新洁而灭、洗必泰等阳离子表面活性剂配合使用。

另外，消毒药一般不能用井水配制，因为普通井水中含有较多的钙、镁等离子，这些离子会与消毒药中释放出来的离子发生化学反应，使药效降低，所以，在配制消毒药时，应尽量使用自来水或白开水。

3. 浓度不合理

有人主观地认为，消毒剂浓度越高杀菌作用越强，其实，这是一个很大的误区。事实并非如此。如：酒精的最适消毒浓度是70%~75%，低于50%或高于80%都会影响杀菌效果。另外，消毒剂的浓度调制，必须符合说明书和消毒目标的要求，如：同是过氧乙酸，用于环境、料槽、车辆消毒时，应配制0.5%的浓度，用于玻璃、搪瓷、橡胶制品消毒时，应配制0.04%~0.2%的浓度。

4.用法不合适

强酸类、强碱类、强氧化剂类消毒剂，对人畜均有较强的腐蚀性，使用这几类消毒药对地面、墙壁消毒后，最好再用清水冲刷一边，再将肉牛放进去，防止残留药液灼伤牛体（尤其是幼牛）。石灰只能加水制成石灰乳进行消毒，若直接将生石灰铺撒在干燥的地面上，不但没有消毒作用，反而会危害肉牛蹄部，使蹄部干燥开裂。熏蒸消毒时产生的气体和烟雾均对人畜有毒害作用，即使熏蒸后遗留的废气，对人畜的眼结膜、呼吸道黏膜也可能造成伤害，所以，熏蒸消毒后必须将废气彻底排净，方可放进肉牛，而带牛消毒时尽量不要选择熏蒸法。

带牛消毒时，应将喷头高举空中，喷嘴向上喷出雾粒，雾粒可在空中悬浮一段时间后缓缓下降，除与病原体接触外，还可起到除尘、净化除臭等作用，在夏季有降温作用。

5.温度不适宜

消毒剂的杀菌作用与环境温度呈正比例，即环境温度越高，消毒剂的杀菌效力越强，一般情况下，温度每提高10℃，消毒效果增加1倍。因此，冬季消毒时，应设法提高环境温度，以增强杀菌效果。但是，以氯和碘为主要成分的消毒剂，在高温条件下，有效成分会很快消失，所以，这些消毒剂不宜在高温季节使用。

6.湿度不合适

很多牛场消毒时，从不考虑控制环境湿度。其实，空气太干燥会影响消毒效果，如：使用甲醛溶液熏蒸消毒或使用过氧乙酸喷雾消毒时，最适相对湿度为60%~80%，如果湿度太低，应先喷水提高湿度。

7.水质不够好

养牛场消毒时，如果不考虑水质问题，消毒可能就会白费工夫。因为水质的酸碱度与一些消毒剂的杀菌效果密切相关，如：在碱性环境中，洗必泰等季铵盐类消毒剂杀菌作用增强，复合碘类消毒剂则要求pH值在2~5范围内使用，但苯甲酸、过氧乙酸等酸性消毒剂必须在酸性环境中才有效。

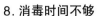

8. 消毒时间不够

消毒没有计划，不考虑提前量，现用现消毒，仓促而行，效果往往不好。一般情况下，消毒剂与微生物接触的时间越长，灭菌效果越好，如：用石灰乳消毒粪便，石灰乳与粪便接触至少2小时；使用高锰酸钾与福尔马林进行舍内空气熏蒸消毒时，应密闭门窗10小时。

9. 消毒前不清洁

消毒前不做清洁工作，严重影响消毒效果。因为消毒剂与粪污中的有机物（尤其是与蛋白质）可结合成为不溶性的化合物，阻碍消毒作用的发挥，而消毒剂被大量的有机物消耗后，则会明细降低对病原微生物的作用浓度。因此，消毒前必须消除污物，既能机械性地清理掉一部分微生物，也能防止污物阻碍消毒剂与病原体接触而降低消毒效果。

10. 使用单一消毒剂

养殖场应注意轮换或交叉使用不同类型的消毒药，这不是担心病原体会产生耐药性，主要原因是，不同的消毒药的杀菌范围有别，长期使用某一种或几种消毒药，有些病原体可能无法被杀死。如：复合酚类消毒药对细菌、真菌、有囊膜病毒、多种寄生虫卵都具有杀灭作用，但对无囊膜病毒如细小病毒、腺病毒、疱疹病毒等无效，季铵盐类消毒药属于阳离子表面活性剂，对无囊膜病毒消毒效果也不好，如果养殖场长期只使用复合酚类消毒药或季铵盐类消毒药，无囊膜病毒（如口蹄疫病毒、圆环病毒、细小病毒等）就容易泛滥。无囊膜病毒必须使用碱类、醛类、过氧化物类、氯制剂才能确保有效杀灭。

第二节　常用消毒设备

根据消毒方法、性质不同，消毒设备也有区别。消毒工作中，由于消毒方法的种类很多，要根据具体消毒对象的特点和消毒要求选择适当的消毒剂，还要了解消毒时采用的设备是否适当，以及操作中的注意事项等。无论采取哪种消毒方式，都要做好消毒人员的自身防护。

常用消毒设备可分为物理、化学和生物消毒设备。

一、物理消毒常用设备

物理消毒灭菌技术在动物养殖和生产中具有独特的特点和优势。物理消毒灭菌一般不改变被消毒物品的形状与原有组分，能保持饲料和食物固有的营养价值；不产生有毒有害物质残留，不会造成被消毒灭菌物品的二次污染；一般不影响被消毒物品的形状；对周围环境的影响较小。但是，多数物理消毒灭菌技术往往操作复杂，需要大量的机械设备，且成本较高。

养牛场物理消毒主要有紫外线照射、机械清扫、洗刷、通风换气、干燥、煮沸、蒸汽、火焰焚烧等。依照消毒的对象、环节等，需要配备相应的消毒设备。

（一）机械清扫、冲洗设备

机械清扫、冲洗设备主要是高压清洗机，是通过动力装置使高压水泵产生高压水来冲洗物体表面的机器。它能将污垢剥离，冲走，达到清洗物体表面的目的。高压清洗是世界公认最科学、经济、环保的清洁方式之一。主要用途是冲洗养殖场场地、畜禽圈舍建筑、养殖场设施设备、车辆和喷洒药剂等。

高压清洗机可分为冷水和热水高压清洗机。热水清洗机加了一个加热装置，利用燃烧缸把水加热。热水清洗机价格偏高且运行成本高（因为要用柴油），仍有较多专业客户选择。

1. 分类

按驱动引擎来分，分为电机驱动、汽油机驱动和柴油驱动清洗机三大类。顾名思义，这三种清洗机都配有高压泵，不同的是它们分别采用与电机、汽油机或柴油机相连，由此驱动高压泵运作。汽油机和柴油机驱动清洗机的优势在于它们不需要电源就可以在野外作业。

按用途来分，分为家用、商用和工业用三大类。家用高压清洗机，一般压力、流量和寿命比较低（一般小于100小时），追求携带轻便、移动灵活、操作简单。商用高压清洗机，对参数的要求高，且使用次数频繁，使用时间长，所以一般寿命较长。工业用高压清洗机，除一般要求外，往往还会有一些特殊要求，水切割就是一个很好的例子。

2. 产品原理

水的冲击力大于污垢与物体表面附着力，高压水就会将污垢剥离、冲走，达到清洗物体表面的目的。因为是使用高压水柱清理污垢，除非是很顽固的油渍才需要加入一点清洁剂，不然强力水压所产生的泡沫就足以将一般污垢带走。

3. 故障排除

清洗机使用过程中，难免出现故障。应根据不同故障现象，仔细查找原因。

（1）喷枪不喷水　入水口、进水滤清器堵塞；喷嘴堵塞；加热螺旋管堵塞，必要时清除水垢。

（2）出水压力不稳　供水不足；管路破裂、清洁剂吸嘴未插入清洁剂中等原因造成空气吸入管路；喷嘴磨损；高压水泵密封漏水。

（3）燃烧器不点火燃烧　进风量不足，冒白烟；燃油滤清器、燃油泵、燃油喷嘴肮脏堵塞；电磁阀损坏；点火电极位置变化，火花太弱；高压点火线圈损坏；压力开关损坏。

高温高压清洗机出现以上问题，用户可自己查找原因，排除故障。但清洗机若出现泵体漏水、曲轴箱漏油等比较严重的故障时，应将清洗机送到配件齐全、技术力量较强的专业维修部门修理，以免造成不必要的经济损失。

4. 保养方法

每次操作之后，冲洗接入清洁剂的软管和过滤器，去除任何洗涤剂的残留物以助于防止腐蚀；关闭连接到高压清洗机上的供水系统；扣动喷枪杆上的扳机可以将软管里全部压力释放掉；从高压清洗机上卸下橡胶软管和高压软管；切断火花塞的连接导线以确保发动机不会启动（适用于发动机型）。

（1）电动型　将电源开关转到"开"和"关"的位置4~5次，每次1~3秒，以清除泵里的水。这一步骤将有助于保护泵免受损坏。

（2）发动机型　缓慢地拉动发动机的启动绳5次来清除泵里的水。这一步骤将有助于保护泵免受损坏。

（3）定期维护　每2个月维护一次。燃料的沉淀物会导致对燃料管道、燃料过滤器和化油器的损坏，定期从贮油箱里清除燃料沉淀物将延长发动机的使用寿命和性能；泵的防护套件是特别用来保护高压清洗机防止受腐蚀、过早磨损和冻结等，当不使用高压清洗机时，要用防护套件来保护高压清洗机，并且要给阀和密封圈涂上润滑剂，防止它们卡住。

对于电动型，关闭高压清洗机；将高压软管和喷枪杆与泵断开连接；将阀接在泵防护罐上并打开阀；启动打开清洗机；将罐中所有物质吸入泵里；关闭清洗机；高压清洗机可以直接贮存。

对于发动机型，关闭高压清洗机；将高压软管和喷枪杆与泵断开连接；将阀接在泵防护罐上并打开阀；点火，拉动启动绳；将罐中所有物质吸入泵里；高压清洗机可以直接贮存。

（4）注意事项　当操作高压清洗机时：始终需戴适当的护目镜、手套和面具；始终保持手和脚不接触清洗喷嘴；要经常检查所有的电接头；经常检查所有的液体；经常检查软管是否有裂缝和泄漏处；当未使用喷枪时，总是需将设置扳机处于安全锁定状态；总是尽可能地使用最低压力来工作，但这个压力要能足以完成工作；在断开软管连接之前，总是要先释放掉清洗机里的压力；每次使用后总是要排干净软管里的水；绝不要将喷枪对着自己或他人；在检查所有软管接头都已在原位锁定之前，决不要启动设备；在接通供应水并让适当的水流过喷枪杆之前，决不要启动设备。然后将所需要的清洗喷嘴连接到喷枪杆上。

注意，不要让高压清洗机在运转过程中处于无人监管的状态。

每次当释放扳机时泵将运转在旁路模式下。如果一个泵已经在旁路模式下运转了较长时间，泵里循环水的过高温度将缩短泵的使用寿命甚至损坏泵。所以，应避免使设备长时间运行在旁路模式下。

（二）紫外线灯

紫外线是一种低能量电磁波，具有较好的杀菌作用。几种化学消毒剂灭活微生物需要较长的时间，而紫外线消毒仅需几秒钟即可达到同样的灭活效果，而且运行操作简便，其基建投资及运行费用也低于其他几种化学消毒方法，因此被广泛应用于畜禽养殖场消毒。

1. 消毒原理

利用紫外线照射，使菌体蛋白发生光解、变性，菌体的氨基酸、核酸、酶遭到破坏死亡。紫外线通过空气时，使空气中的氧电离产生臭氧，加强了杀菌作用。

2. 消毒方法

紫外线多用于空气及物体表面的消毒，波长 2 573 埃（注：1 埃 $=10^{-10}$ 米）。用于空气消毒，有效距离不超过 2 米，照射时间 30~60 分钟；用于物品消毒，有效距离在 25~60 厘米，照射时间 20~30 分钟；从灯亮 5~7 分钟开始计时（灯亮需要预热一定时间，才能使空气中的氧电离产生臭氧）。

3. 消毒措施

① 对空气消毒均采用的是紫外线照射，因此首先必须保证灯管的完好无损和正确使用，保持灯管洁净。灯管表面每隔 1~2 周应用酒精棉球轻拭一次，除去灰尘和油垢，以减少影响紫外线穿透力的因素。

② 灯管要轻拿轻放，关灯后立即开灯会减少灯管寿命，应冷却 3~4 分钟后再开，可以连续使用 4 小时，但通风散热要好，以保持灯管寿命。

③ 应随时保持消毒室的清洁干燥，每天用消毒液浸泡后的专用抹布擦拭消毒室。用专用拖布拖地。

④ 规范紫外线灯日常监测登记项目，必须做到分室、分盏登

记，登记本中设灯管启用日期、每天消毒时间、累计时间、执行者签名、强度监测登记，要求消毒后认真记录，使执行与记录保持一致。

⑤ 空气消毒时，打开所有的柜门、抽屉等。以保证消毒室所有空间的充分暴露，都得到紫外线的照射，消毒尽量无死角。

⑥ 紫外线消毒时，还要注意保护好眼睛和皮肤，因为紫外线会损伤角膜的上皮和皮肤上皮。在进行紫外线消毒的时候，最好不要进入正在消毒的房间。如果必须进入，最好戴上防紫外线的护目镜。

4. 使用紫外线消毒灯的注意事项

养殖场紫外线灯可用于对工作服、鞋、帽和出入人员的消毒，以及不便于用化学消毒药消毒的物品。人员进场采取紫外线消毒时，消毒时间不能过长，以每次消毒 5 分钟为宜。不能让紫外线直接长时间照射人体表和眼睛。

（三）干热灭菌设备

干热灭菌法是热力消毒和灭菌常用的方法之一，它包括焚烧、烧灼和热空气法。

焚烧是用于传染病畜禽尸体、病畜垫草、病料以及污染的杂草、地面等的灭菌，可直接点燃或在炉内焚烧；烧灼是直接用火焰进行灭菌，适用于微生物实验室的接种针、接种环、试管口、玻璃片等耐热器材的灭菌；热空气法是利用干热空气进行灭菌，主要用于各种耐热玻璃器皿，如试管、吸管、烧瓶及培养皿等实验器材的灭菌。这种灭菌法是在一种特制的电热干燥器内进行的。由于干热的穿透力低，因此，箱内温度上升到160℃后，保持 2 小时才可保证杀死所有的细菌及其芽孢。

1. 干热灭菌器

（1）构造　干热灭菌器也就是烤箱，是由双层铁板制成的方形金属箱，外壁内层装有隔热的石棉板。箱底下放置大型火炉，或在箱壁中装置电热线圈。内壁上有数个孔，供流通空气用。箱前有铁门及玻璃门，箱内有金属箱板架数层。电热烤箱的前下方装有温度调节器，可以保持所需的温度。

（2）干热灭菌器的使用方法 将培养皿、吸管、试管等玻璃器材包装后放入箱内，闭门加热。160~170℃保持温度2小时，待温度自然下降至40℃以下，方可开门取物，否则冷空气突然进入，易引起玻璃炸裂，且热空气外溢，往往会灼伤取物者的皮肤。一般吸管、试管、培养皿、凡士林、液体石蜡等均可用本法灭菌。

2. 火焰灭菌设备

火焰灭菌法是指用火焰直接烧灼的灭菌方法。该方法灭菌迅速、可靠、简便，适合于耐火焰材料（如金属、玻璃及瓷器等）物品与用具的灭菌，不适合药品的灭菌。

所用的设备包括火焰专用型和喷雾火焰兼用型两种。专用型特点是使用轻便，适用于大型机种无法操作的地方；便于携带，适用于室内外和小、中型面积处，方便快捷；操作容易，打气、按电门即可发动，按气门钮即可停止；全部采用不锈钢材料，机件坚固耐用。兼用型除上述特点外，还具有以下特点：一是节省药剂，可根据被使用的场所和目的不同，用旋转式药剂开关来调节药量；二是节省人工费，用1台烟雾消毒器能达到10台手压式喷雾器的作业效率；三是消毒彻底，消毒器喷出的直径5~30微米的小粒子形成雾状浸透在每个角落，可达到最大的消毒效果。

（四）湿热灭菌设备

湿热灭菌法是热力消毒和灭菌的常用方法。包括煮沸消毒法、流通蒸汽消毒法和高压蒸汽灭菌法。

1. 消毒锅

消毒锅用于煮沸消毒，适用于一般器械如刀剪、注射器等金属和玻璃制品及棉织品等的消毒。这种方法简单、实用、杀菌能力比较强，效果可靠，是最古老的消毒方法之一。消毒锅一般使用金属容器，煮沸消毒时要求水沸腾5~15分钟，一般水温达到100℃，细菌繁殖体、真菌、病毒等可立即死亡。而细菌芽孢需要的时间比较长，要15~30分钟，有的要几个小时才能杀灭。

煮沸消毒时，要注意以下几个问题。

① 煮沸消毒前，应将物品洗净。易损坏的物品用纱布包好再放入水中，以免沸腾时互相碰撞。不透水物品应垂直放置，以利水的对流。水面应高于物品。消毒器应加盖。

② 消毒时，应自水沸腾后开始计算时间，一般需 15~20 分钟（各种器械煮沸消毒时间见表 1-1）。对注射器或手术器械灭菌时，应煮沸 30~40 分钟。加入 2% 碳酸钠，可防锈，并可提高沸点（水中加入 1% 碳酸钠，沸点可达 105℃），加速微生物死亡。

表 1-1　各种器械煮沸消毒参考时间

消毒对象	消毒参考时间（分钟）
玻璃类器材	20~30
橡胶类及电木类器材	5~10
金属类及搪瓷类器材	5~15
接触过传染病料的器材	>30

③ 对棉织品煮沸消毒时，一次放置的物品不宜过多。煮沸时应略加搅拌，以助水的对流。物品加入较多时，煮沸时间应延长到 30 分钟以上。

④ 消毒时，物品间勿贮留气泡；勿放入能增加黏稠度的物质。消毒过程中，水应保持连续煮沸，中途不得加入新的污染物品，否则消毒时间应从水再次沸腾后重新计算。

⑤ 消毒时，物品因无外包装，事后取出和放置时慎防再污染。对已灭菌的无包装医疗器材，取用和保存时应严格执行无菌操作要求。

2. 高压蒸汽灭菌器

（1）高压蒸汽灭菌器的结构　高压蒸汽灭菌器是一个双层的金属圆筒，两层之间盛水，外层坚固厚实，其上方有金属厚盖，盖旁附有螺旋，借以紧闭盖门，使蒸汽不外溢，因而蒸汽压力升高，其温度亦相应增高。

高压蒸汽灭菌器上装有排气阀门、安全活塞，以调节蒸汽压力。有温度计及压力表，以表示内部的温度和压力。灭菌器内装有带孔的金属搁板，用以放置要灭菌物体。

（2）高压蒸汽灭菌器的使用方法　加水至外筒内，被灭菌物品放入内筒。盖上灭菌器盖，拧紧螺旋使之密闭。灭菌器下用煤气或电炉等加热，同时打开排气阀门，排净其中冷空气，否则压力表上所示压力并非全部是蒸汽压力，灭菌将不完全。

待冷空气全部排出后（即水蒸气从排气阀中连续排出时），关闭排气阀。继续加热，待压力表渐渐升至所需压力时（一般是101.53千帕，即15磅/英寸^2，温度为121.3℃），调解炉火，保持压力和温度（注意压力不要过大，以免发生意外），维持15~30分钟。灭菌时间到达后，停止加热，待压力降至零时，慢慢打开排气阀，排除余气，开盖取物。切不可在压力尚未降低为零时突然打开排气阀门，以免灭菌器中液体喷出。

高压蒸汽灭菌法为湿热灭菌法，其优点有三：一是湿热灭菌时菌体蛋白容易变性，二是湿热穿透力强，三是蒸汽变成水时可放出大量热增强杀菌效果，因此，它是效果最好的灭菌方法。凡耐高温和潮湿的物品，如培养基、生理盐水、衣服、纱布、棉花、敷料、玻璃器材、传染性污物等都可应用本法灭菌。

目前，出现的便携式全自动电热高压蒸汽灭菌器，操作简单，使用安全。

3.流通蒸汽灭菌器

流通蒸汽消毒设备的种类很多，比较理想的是流通蒸汽灭菌器。

流通蒸汽灭菌器由蒸汽发生器、蒸汽回流、消毒室和支架等构成。蒸汽由底部进入消毒室，经回流罩再返回到蒸汽发生器内，这种蒸汽消耗少，只需维持较小火力即可。

流通蒸汽消毒时，消毒时间应从水沸腾后有蒸汽冒出时算起，消毒时间同煮沸法，消毒物品包装不宜过大、过紧，吸水物品不要浸湿后放入；因在常压下，蒸汽温度只能达到100℃，维持30分钟只能杀死细菌的繁殖体，但不能杀死细菌芽孢和霉菌孢子，所以有时必须使用间歇灭菌法，即用蒸汽灭菌器或用蒸笼加热至约100℃维持30分钟，每天1次，连续3天。每天消毒完后都必须将被灭菌的物品取出放在室温或37℃温箱中过夜，提供芽孢发芽所需的条件。对不具备芽孢发芽条件的物品不能用此法灭菌。

（五）除菌滤器

除菌滤器简称滤菌器。种类很多，孔径非常小，能阻挡细菌通过。它们可用陶瓷、硅藻土、石棉或玻璃屑等制成。

1.滤菌器构造

（1）赛氏滤菌器　由3部分组成。上部的金属圆筒，用以盛装将要滤过的液体。下部的金属托盘及漏斗，用以接收滤出的液体。上下两部分中间放石棉滤板，滤板按孔径大小可分为3种：K滤孔最大，供澄清液体之用；EK滤孔较小，供滤过除菌；EK-S滤孔更小，可阻止较大的病毒通过。滤板依靠侧面附带的紧固螺旋拧紧固定。

（2）玻璃滤菌器　由玻璃制成。滤板采用细玻璃砂在一定高温下加压制成。孔径0.15~250微米不等，分为G1、G2、G3、G4、G5、G6六种规格，后两种规格均能阻挡细菌通过。

（3）薄膜滤菌器　由塑料制成。滤菌器薄膜采用优质纤维滤纸，用一定工艺加压制成。孔径200纳米，能阻挡细菌通过。

2.滤菌器用法

将清洁的滤菌器（赛氏和薄膜滤菌器须先将石棉板或滤菌薄膜放好，拧牢螺旋）和滤瓶分别用纸或布包装好，用高压蒸汽灭菌器灭菌。再以无菌操作把滤菌器与滤瓶装好，并使滤瓶的侧管与缓冲瓶相连，再使缓冲瓶与抽气机相连。将待滤液体倒入滤菌器内，开动抽气机使滤瓶中压力减低，滤液则徐徐流入滤瓶中。滤毕，迅速按无菌操作将滤瓶中的滤液放到无菌容器内保存。滤菌器经高压灭菌后，洗净备用。

3.滤菌器用途

用于除去混杂在不耐热液体（如血清、腹水、糖溶液、某些药物等）中的细菌。

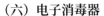

（六）电子消毒器

1. 电离辐射

电离辐射是利用了射线、伦琴射线或电子辐射能穿透物品，杀死其中的微生物的低温灭菌方法，统称为电离辐射。电离辐射是低温灭菌，不发生热的交换、压力差别和扩散层干扰，所以，适用于怕热的灭菌物品，优于化学消毒、热力消毒等，是养殖业应用广泛的消毒灭菌方法。因此，早在 20 世纪 50 年代国外就开始应用，我国起步较晚，但随着国民经济的发展和科学技术的进步，电离辐射灭菌技术在我国制药、食品、医疗器械及海关检验等各领域广泛应用，并将越来越受到各行各业的重视，特别是在养殖业的饲料消毒灭菌和肉蛋成品的消毒灭菌应用日益广泛。

2. 等离子体消毒灭菌技术与设备

等离子消毒灭菌技术是新一代的高科技灭菌技术，它能克服现有灭菌方法的局限性和不足，提高消毒灭菌效果。

在实际工作中，由于没有天然的等离子存在，需要人为发生，所以必须要有等离子体发生装置，即等离子发生器，它可以通过气体放电法、射线辐照法、光电离法、激光辐射法、热电离法、激波法等，使中性气体分子在强电磁场的作用下，引起碰撞解离，进而热能离子和分子相互作用，部分电子进一步获得能量，使大量原子电离，从而形成等离子体。

等离子体有很强的杀灭微生物的能力，可以杀灭各种细菌繁殖体和芽孢、病毒，也可有效地破坏致热物质，如果将某些消毒剂气化后加入等离子体腔内，可以大大增强等离子体的杀菌效果。等离子体灭菌的温度低，室温即可对处理的物品进行灭菌，因此可以对不适于高温、高压消毒的材料和物品灭菌处理，如塑胶、光纤、人工晶体及光学玻璃材料、不适合用微波法处理的金属物品，以及不易达到消毒效果的缝隙角落等地方，采用等离子消毒灭菌技术，能在低温下很好地达到消菌灭菌处理而不会对被处理物品造成损坏。等离子消毒灭菌技术灭菌过程短且无毒性，通常在几十分钟内即可完成灭菌消毒过程，克服了蒸汽、化学或核辐射等方法使用中的不足；切断电源后产生的各种活性粒子能够在几十毫秒内消失，所以无需通风，不会对操作人员造成伤害，安全可靠；此外，等离子体灭菌还有操作简单安全、经济实用、灭菌效果好、无环境污染等优点。

等离子体消毒灭菌作为一种新发展起来的消毒方法，在应用中也存在一些需要注意的地方。如，等离子体中的某些成分对人体是有害的，如β射线、γ射线、强紫外光子等都可以引起生物体的损伤，因此在进行等离子体消毒时，要采用一定的防护措施并严格执行操作规程。此外，在进行等离子体消毒时，大部分气体都不会形成有毒物质，如氧气、氮气、氩气等都没有任何毒性物质残留，但氯气、溴、碘的蒸汽会产生对人体有害的气体残留，使用时要注意防范。

等离字体灭菌的优点很多，但等离子体穿透力差，对体积大、需要内部消毒的物品消毒效果较差；设备成本高；而且许多技术还不够完善，有待进一步研究。

二、化学消毒常用设备

（一）喷雾器

喷洒消毒、喷雾免疫时常用的是喷雾器。喷雾器有背负式和机动喷雾器。背负式喷雾器又有压杆式和充电式喷雾器，使用于小面积环境消毒和带牛消毒。机动喷雾器按其所使用的动力来划分，有电动（交流电或直流电）和气动两种，每种又有不同的型号，适用于牛舍外环境和空舍消毒，在实际应用时要根据具体情况选择合适的喷雾器。

1. 喷雾器使用注意事项

（1）喷雾器消毒　固体消毒剂有残渣或溶化不全时，容易堵塞喷嘴，因此不能直接在喷雾器内配制消毒剂，而是在其他容器内配制好了以后经喷雾器的过滤网装入喷雾器内。压杆式喷雾器容器内药液不能装的太满，否则不易打气。配制消毒剂的水温不宜太高，否则易使喷雾器的塑料桶身变形，而且喷雾时不顺畅。使用完毕，

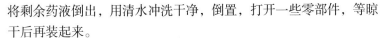

将剩余药液倒出，用清水冲洗干净，倒置，打开一些零部件，等晾干后再装起来。

（2）喷雾器免疫 喷雾器免疫是利用气泵将空气压缩，通过气雾发生器使稀释疫苗形成一定大小的雾化粒子，均匀地悬浮于空气中，随呼吸进入牛体内。要求喷出的雾滴大小符合要求，而且均一，80%以上的雾滴大小应在要求范围内。喷雾过程中要注意喷雾质量，发现问题或喷雾器出现故障，应立即停止，并按使用说明书操作，进行完后，要用清水洗喷雾器，让喷雾器充分干燥，包装保存好。注意防止腐蚀，不要用去污剂或消毒剂清洗容器内部。

免疫合适的温度是 15~25℃，一般不要在环境温度低于 4℃的情况下进行。如果环境温度高于 25℃时，雾滴会迅速蒸发而不能进入牛的呼吸道。如果要在高于 25℃的环境中使用喷雾器免疫，则可以先在牛舍内喷水提高舍内空气的相对湿度后再进行。

喷雾时，房舍应密闭，关闭门、窗和通风口，减少空气流动。喷雾后 15~20 分钟再开启门窗。如选用直径为 59 微米以下的喷雾器时，喷雾枪口应在牛头上方约 30 厘米处喷射，使牛体周围形成良好的雾化区，并且雾滴粒子不立即沉降而可在空间悬浮适当时间。

2. 常见故障排除

喷雾器在日常使用过程中总会遇到喷雾效果不好、开关漏水或拧不动、连接部位漏水等故障，应正确排除。

（1）喷雾压力不足导致雾化不良 如果在喷雾时出现扳动摇杆 15 次以上，桶内气压还没有达到工作气压，应首先检查进水球阀是否被杂物搁起，导致气压不足而影响了雾化效果。可将进水阀拆下，如有，则应用抹布擦洗干净；如果喷雾压力依然不足，则应检查气室内皮碗有无破损，如有破损，则需更换新皮碗；若因连接部位密封圈未安装或破损导致漏气，则应加装或更换密封圈。

（2）药液喷不成雾 喷头体的斜孔被污物堵塞是导致喷不成雾的最常见原因，可拆下喷头，从喷孔反向吹气，清除堵塞污物即可；若因喷孔堵塞则可拆开清洗喷孔，但不可使用铁丝等硬物捅喷孔，防止孔眼扩大，影响喷雾质量；若因套管内滤网堵塞或过水阀小球被污物搁起，应清洗滤网及清洗搁起小球的污物。

（3）开关漏水或拧不动　若因开关帽未拧紧，应旋紧开关帽；若因开关芯上的垫圈磨损造成的漏水，应更换垫圈。开关拧不动多是因为放置较久，开关芯被药剂侵蚀而粘住，应将开关放在煤油或柴油中浸泡一段时间，拆下清洗干净即可。

（4）连接部位漏水　若因接头松动，应旋紧螺母；若因垫圈未放平或破损，应将垫圈放平，或更换垫圈。

（二）气雾免疫机

气雾免疫机是一种多功能设备，可用于疫苗免疫，也可用于微雾消毒、气雾施药、降温等。

1. 适用范围

可用于畜禽养殖业的疫苗免疫，微雾消毒、施药和降温；养殖场所环境卫生消毒。

2. 类型

气雾免疫机的种类有很多，有手提式、推车式、固定式等。

3. 特点

① 直流电源动力，使用方便。

② 免疫速度快。

③ 多重功能，即免疫、消毒、降温、施药等功能于一身。

④ 压缩空气喷雾，雾粒均匀，直径在20~100微米，且可调，适用于不同牛龄免疫。

⑤ 低噪声。

⑥ 机械免疫、施药，省时、省力、省人工。

⑦ 免疫应激小，安全系数高。

4. 使用方法

① 牛群免疫接种宜在傍晚进行，以降低牛群发生应激反应的概率，避免阳光直射疫苗。关闭牛舍的门窗和通风设备，减少牛舍内的空气流动，并将牛群圈于阴暗处。雾化器内应无消毒剂等药物残留，最好选用疫苗接种专用的器具。

② 疫苗的配制及用量。选用不含氯元素和铁元素的清洁水溶解疫苗，并在水中打开瓶盖倒出疫苗。常用的水有去离子水和蒸馏水，不能选用生理盐水等含盐类的稀释剂，以免喷出的雾粒迅速干燥致使盐类浓度升高而影响疫苗的效力。该接种法疫苗的使用量通常是其他接种法疫苗使用量的 2 倍，配液量应根据免疫的具体对象而定。

③ 喷雾方法。将牛群赶到较长墙边的一侧，在牛群顶部 30~50 厘米处喷雾，边喷边走，至少应往返喷雾 2~3 遍后才能将疫苗均匀喷完。喷雾后 20 分钟才能开启门窗，因为一般的喷雾雾粒大约需要 20 分钟才会降落至地面。

5. 注意事项

① 雾化粒子的大小要适中，在喷雾前可以用定量的水试喷，掌握好最佳的喷雾速度、喷雾流量和雾化粒子大小。

② 在有呼吸道疾病的牛群中应慎用气雾免疫。

③ 注意稀释疫苗用水要洁净，建议选用纯净水，这样就可以避免水质酸碱度与矿物质元素对药物的干扰与破坏，避免了药物的地区性效果差异，冲破了地域局限性。

(三) 消毒液机和次氯酸钠发生器

1. 用途

消毒液机可以现用现制快速生产复合消毒液。适用于畜禽养殖场、屠宰场、运输车船、人员防护消毒，以及发生疫情的病原污染区的大面积消毒。消毒液机使用的原料只是食盐、水、电，操作简单，短时间内就可以生产出大量消毒液。另外，用消毒液机电解生产的含氯消毒剂是一种无毒低刺激的高效消毒剂，不仅适用于环境消毒、带畜禽消毒，还可用于食品消毒、饮用水消毒，以及洗手消毒等防疫人员进行的自身消毒防护，对环境造成的污染很小。消毒液机的这些特点对需要进行完全彻底的防疫消毒，对人畜共患病疫区的综合性消毒防控，对减少运输、仓储、供应等环节的意外防疫漏洞具有特殊的使用优势。

2. 分类

因其科技含量不同，可分为消毒液机和次氯酸钠发生器两类。均以电解食盐水来生产消毒药。两类产品的显著区别在于次氯酸钠发生器是采用直流电解技术来生产次氯酸钠消毒药，消毒液机在次氯酸钠发生器的基础上采用了更为先进的电解模式 BIVT 技术，生产次氯酸钠、二氧化氯复合消毒剂。其中二氧化氯高效、广谱、安全，且持续时间长，世界卫生组织 1948 年就将其列为 AI 级安全消毒剂。次氯酸钠、二氧化氯形成了协同杀菌作用，从而具有更高的杀菌效果。

3. 使用方法

（1）电解液的配制　称取食盐 500 克，一般以食用精盐为好，加碘或不加碘盐均可，放入电解桶中，加入 8 千克清水（在电解桶中有 8 千克水刻度线），用搅拌棒搅拌，使盐充分溶解。

（2）制药　把电极放入电解桶中，打开电源开关，按动选择按钮，选择工作岗位，此时电极板周围产生气泡，开始自动计时，工作结束后机器自动关机并声音报警。

（3）灌装消毒药　用事先准备好的容器把消毒液倒出，贴上标签，加盖后存放。

4. 使用注意事项

（1）设备保护装置　优质的消毒液机设计了微电脑智能保护装置，当操作不正常或发生意外时会自我保护，此时用户可排除故障后重新操作。

（2）定期清洗电极　由于使用的水的硬度不同，使用一段时间后，在电解电极上会产生水垢，应使用生产公司提供或指定的清洗剂清洗电极，一般 15 天清洗一次。

（3）防止水进入电器仓　添加盐水或清洗电极时，不要让水进入电器仓，以免损坏电器。

（4）消毒液机的放置　应在避光、干燥、清洁处，和所有电器一样，长期处于潮湿的空气中对电路板会有不利影响，从而降低整机的使用寿命。

（5）消毒液机性能的检测　在用户使用消毒液机一段时间后，可以检测消毒液机的工作性能。检测时一是通过厂家提供的试纸测试，测出原液有效氯浓度；二是找检测单位按照"碘量法"测定消毒液的有效氯，可更精确地测出有效氯含量，建议用户每年定期检测一次。

（四）臭氧空气消毒机

臭氧是一种强氧化杀菌剂，消毒时呈弥漫扩散方式，消毒彻底，无死角，消毒效果好。臭氧稳定性极差，常温下 30 分钟后可自行分解。因此，消毒后无残留毒性，是公认的洁净消毒剂。

1. 产品用途

主要用于养殖场的兽医室、大门口消毒室和生产车间的空气消毒。如屠宰行业的生产车间、畜禽产品的加工车间及其他洁净区的消毒。

2. 工作原理

臭氧空气消毒机是采用脉冲高压放电技术，将空气中一定量的氧电离分解后形成臭氧，并配合先进的控制系统组成的新型消毒器械。其主要结构包括臭氧发生器、专用配套电源、风机和控制器等部分，一般规格为 3、5、10、20、30 和 50 克 / 小时。它以空气为气源，利用风机使空气通过发生器，并在发生器内的间隙放电过程中产生臭氧。

3. 优点

① 臭氧发生器采用了板式稳电极系统，使之不受带电粒子的轰击、腐蚀。

② 介电体采用的是含有特殊成分的陶瓷，抗腐蚀性强，可以在比较潮湿和不太洁净的环境条件下工作，对室内空气中的自然菌灭杀率达到 90% 以上。

臭氧消毒为气相消毒，与紫外线消毒相比，不存在死角。由于臭氧极不稳定，其发生量及时间，要看所消毒的空间内各类器械物品所占空间的比例及当时的环境温度和相对湿度而定。根据需要消毒的空气容积，选择适当的型号和消毒时间。

三、生物消毒设施

（一）具有消毒功能的生物

具有消毒的生物种类很多，如植物和细菌等微生物及其代谢产物，以及噬菌体、质粒、小型动物和生物酶等。

1. 抗菌生物

植物为了保护自身免受外界的侵袭，特别是微生物的侵袭，可以产生抗菌物质，并且随着植物的进化，这些抗菌物质就愈来愈局限在植物的个别器官或器官的个别部位。能抵制或杀灭微生物的植物叫抗菌植物药。目前证实具有抗细菌作用的植物有130多种，抗真菌的有50多种，抗病毒的有20多种。有的既有抗细菌作用，又有抗真菌和抗病毒作用。中草药消毒剂大多采用多种中草药提取物，主要用于空气、皮肤黏膜消毒等。

2. 细菌

当前用于消毒的细菌主要是噬菌蛭弧菌。它可裂解多种细菌，如霍乱弧菌、大肠杆菌、沙门氏菌等，用于水的消毒处理。此外，梭状芽孢菌、类杆菌属中某些细菌，可用于污水、污泥的净化处理。

3. 噬菌体和质粒

一些广谱噬菌体，可裂解多种细菌，但一种噬菌体只能感染一个种属的细菌，对大多数细菌不具有专业性吸附能力，这使噬菌体在消毒方面的应用受到很大限制。细菌质粒中有一类能产生细菌素，细菌素是一类具有杀菌作用的蛋白质，大多为单纯蛋白，有些含有蛋白质和碳水化合物，对微生物有杀灭作用。

4. 微生物代谢等产物

一些真菌和细菌的代谢产物如毒素，具有抗菌或抗病毒作用，亦可用作消毒或防腐。

5. 生物酶

生物酶来源于动植物组织提取物或其分泌物、微生物体自溶物及其代谢产物中的酶活性物质。生物酶在消毒中的应用研究源于20世纪70年代，我国在这方面的研究走在世界前列。20世纪80年代起，我国就研制出用溶葡萄菌酶来消毒杀菌技术。近年来，对酶的杀菌应用取得了突破，可用于杀菌的酶主要有细菌胞壁溶解酶、酵母胞壁溶解酶、霉菌胞壁溶解酶、溶葡萄菌酶等，可用来消毒污染物品。此外，出现了溶菌酶、化学修饰溶菌酶及人工合成肽抗菌剂等。

总体而言，绿色环保的生物消毒技术在水处理领域的应用前景广阔，研究表明，生物消毒技术可以在很多领域发挥作用，如用于饮用水消毒、污水消毒、海水消毒和用于控制微生物污染的工业循环水及中水回用等领域。生物消毒技术虽然目前还没有广泛应用，但是作为一种符合人类社会可持续发展理念的绿色环保型的水处理消毒技术，它具有成本相对低廉、理论相对成熟、研究方法相对简单的优势，故应用前景广阔。

（二）生物消毒的应用

由于生物消毒的过程缓慢，消毒可靠性差，对细菌芽孢也没有杀灭作用，因此不能达到彻底无害化。有关生物消毒的应用，有些在动物排泄物与污染物的消毒处理、自然水处理、污水污泥净化中广泛应用；有些在农牧业防控疾病等方面进行了实验性应用。

1. 生物热发酵堆肥

堆肥法是在人为控制堆肥因素的条件下，根据各种堆肥原料的营养成分和堆肥工程中微生物对混合堆肥中碳氧化、碳磷比、颗粒大小、水分含量和 pH 值等的要求，将计划中的各种堆肥材料按一定比例混合堆积，在合适的水分、通气条件下，使微生物繁殖并降解有机质，从而产生高温，杀死其中的病原菌及杂草种子，使有机物达到稳定，最终形成良好的有机复合肥。

目前，常用的堆肥技术有多种，分类复杂。按照有无发酵装置可分为无发酵仓和发酵仓堆肥系统。

（1）无发酵仓系统　主要有条垛式堆肥和通气静态垛系统。

条垛式堆肥是将原料简单堆积成窄长垛型，在好氧条件下进行分解，垛的断面常常是梯形、不规则四边形或三角形。条垛式堆肥的特点是通过定期翻堆来实现堆体中的有氧状态，使用机械或人工进行翻堆的方式通风。条垛式堆肥的优点是所需设备简单，投资成本较低，堆肥容易干燥，条垛式堆肥产品腐熟度高，稳定性好。缺点是占地面积大，腐熟周期长，需要大量的翻堆机械和人力。

通气静态垛系统是通过风机和埋在地下的通风管道进行强制通风供氧的系统。它能更有效地确保达到高温，杀死病原微生物和寄生虫（卵）。其优点是设备投资低，能更好地控制温度和通气情况，堆肥时间较短，一般2~3周。缺点是由于在露天进行，容易受气候条件的影响。

（2）发酵仓系统　是使物料在部分或全部封闭的容器内，控制通风和水分条件，使物料进行生物降解和转化。其优点是不受气候条件的影响；能统一收集处理废气，防止环境二次污染，占地面积小，空间限制少；能得到高质量的堆肥产品。缺点是由于堆肥时间短，产品会有潜在的不稳定性。而且还需高额的投资，包括堆肥设备的投资、运行费用及维护费用。

2.沼气发酵

沼气发酵又称厌氧消化，是在厌氧环境中微生物分解有机物最终生产沼气的过程，其产品是沼气和发酵残留物（有机肥）。沼气发酵是生物质能转化最重要的技术之一，它不仅能有效处理有机废物，降低生物耗氧量，还具有杀灭致病菌、减少蚊蝇滋生。此外，沼气发酵作为废物处理的手段，不仅节省能耗，还能生产优质的沼气和高效有机肥。

四、消毒防护

无论采取哪种消毒方式，都要注意消毒人员的自身防护。消毒防护，首先要严格遵守操作规程和注意事项，其次要注意消毒人员以及消毒区域内其他人员的防护。防护措施要根据消毒方法的原理和操作规程有针对性。例如进行喷雾和熏蒸消毒时应穿上防护服，戴上眼镜和口罩；紫外线照射消毒，室内人员都应该离开，避免直

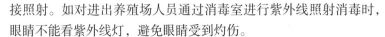

接照射。如对进出养殖场人员通过消毒室进行紫外线照射消毒时，眼睛不能看紫外线灯，避免眼睛受到灼伤。

常用的个人防护用品可以参照国家标准选购，防护服应该配帽子、口罩和鞋套。

（一）防护服要求

防护服应做到防酸碱、防水、防寒、挡风、透气等。

1. 防酸碱

可使服装在消毒中耐腐蚀，工作完毕或离开疫区时，用消毒液高压喷淋、洗涤消毒，达到安全防疫的效果。

2. 防水

防水好的防护服材料每 1 米^{2}的防水气布料薄膜上就有 14 亿个微细孔，一颗水珠比这些微细孔大 2 万倍，因此，水珠不能穿过薄膜层而湿润布料，不会被弄湿，可保证操作中的防水效果。

3. 防寒、挡风

防护服材料极小的微细孔应呈不规则排列，可阻挡冷风及寒气的侵入。

4. 透气

材料微孔直径应大于汗液分子 700~800 倍，汗气可以穿透面料，即使在工作量大、体液蒸发较多时也感到干爽舒适。目前先进的防护服已经在市场上销售，可按照上述标准，参照防 SARS 时采用的标准选购。

（二）防护用品规格

1. 防护服

一次性使用的防护服应符合《医用一次性防护服技术要求》（GB 19082—2003）。外观应干燥、清洁、无尘、无霉斑，表面不允许有斑疤、裂孔等缺陷；针线缝合采用针缝加胶合或作折边缝合，针距要求每 3 厘米缝合 8~10 针，针次均匀、平直，不得有跳针。

2. 防护口罩

应符合《医用防护口罩技术要求》（GB 19083—2003）。

3.防护眼镜

应视野宽阔，透亮度好，有较好的防溅性能，佩戴有弹力带。

4.手套

医用一次性乳胶手套或橡胶手套。

5.鞋及鞋套

为防水、防污染鞋套，如长筒胶鞋。

（三）防护用品的使用

1.穿戴防护用品顺序

步骤1：戴口罩。平展口罩，双手平拉推向面部，捏紧鼻夹使口罩紧贴面部；左手按住口罩，右手将护绳绕在耳根部；右手按住口罩，左手将护绳绕向耳根部；双手上下拉口边沿，使其盖至眼下和下巴。

戴口罩的注意事项：佩戴前先洗手；摘戴口罩前，要保持双手洁净，尽量不要触碰口罩内侧，以免手上的细菌污染口罩；口罩每隔4小时更换1次；佩戴面纱口罩要及时清洗，并且高温消毒后晾晒，最好在阳光下晒干。

步骤2：戴帽子。戴帽子时注意双手不要接触面部，帽子的下沿应遮住耳的上沿，头发尽量不要露出。

步骤3：穿防护服。

步骤4：戴防护眼镜。注意双手不要接触面部。

步骤5：穿鞋套或胶鞋。

步骤6：戴手套。将手套套在防护服袖口外面。

2.脱掉防护用品顺序

步骤1：摘下防护镜，放入消毒液中。

步骤2：脱掉防护服，将反面朝外，放入黄色塑料袋中。

步骤3：摘掉手套，一次性手套应将反面朝外，放入黄色塑料袋中，橡胶手套放入消毒液中。

步骤4：将手指反掏进帽子，将帽子轻轻摘掉，反面朝外，放入黄色塑料袋中。

步骤5：脱下鞋套或胶鞋，将鞋套反面朝外，放入黄色塑料袋中，将胶鞋放入消毒液中。

步骤6：摘口罩，一手按住口罩，另一只手将口罩带摘下，放入黄色塑料袋中，注意双手不接触面部。

（四）防护用品使用后的处理

消毒结束后，执行消毒的人员需要自洁，必要时更换防护服对其做消毒处理。有些废弃的污染物包括使用后的一次性隔离衣裤、口罩、帽子、手套、鞋套等不能随便丢弃，应有一定的消毒处理方法，这些方法应该安全、简单、经济。

基本要求：污染物应装入盒或袋内，以防止操作人员接触；防止污染物接近人、鼠或昆虫；不应污染表层土壤、表层水及地下水；不应造成空气污染。污染废弃物应当严格清理检查，清点数量，根据材料性质分成可焚烧和不可焚烧两大类。干性可燃污染废物焚烧处理；不可燃废物浸泡消毒。

（五）培养良好的防护意识和防护习惯

作为消毒人员，不仅应该熟悉各种消毒方法、消毒程序、消毒器械和常用消毒剂的使用，还应该熟悉微生物和传染病检疫防疫知识，能够对疫源地的污染菌做出判断。

由于动物防疫检疫人员或消毒人员长期暴露于病原体污染的环境，因此，从事消毒工作的人员应该具备良好的防护意识，养成良好的防护习惯，加强消毒人员自身防护，防止和控制人畜共患病的发生。如，在干热灭菌时防止燃烧；压力蒸汽灭菌时防止爆炸事故及操作人员的烫伤事故；使用气体化学消毒时，防止有毒消毒气体的泄漏，经常检测消毒环境中气体的浓度，对环氧乙烷气体还应防止燃烧、爆炸事故；接触化学消毒灭菌时，防止过敏和皮肤黏膜的伤害等。

第三节　常用的消毒剂

利用化学药品杀灭传播媒介上的病原微生物以达到预防感染、

控制传染病的传播和流行的方法称为化学消毒法。化学消毒法具有适用范围广、消毒效果好、无须特殊仪器和设备、操作简便易行等特点，是目前兽医消毒工作中最常用的方法。

一、化学消毒剂的分类

用于杀灭传播媒介上病原微生物的化学药物称为消毒剂。化学消毒剂的种类很多，分类方法也有多种。

（一）按杀菌能力分类

消毒剂按照其杀菌能力可分为高效、中效和低效消毒剂等三类。

1. 高效消毒剂

可杀灭各种细菌繁殖体、病毒、真菌及其孢子等，对细菌芽孢也有一定杀灭作用，达到高水平消毒要求，包括含氯消毒剂、臭氧、甲基乙内酰脲类化合物、双链季铵盐等。其中可使物品达到灭菌要求的高效消毒剂又称为灭菌剂，包括甲醛、戊二醛、环氧乙烷、过氧乙酸、过氧化氢、二氧化氯等。

2. 中效消毒剂

能杀灭细菌繁殖体、分枝杆菌、真菌、病毒等微生物，达到消毒要求，包括含碘、醇类和酚类消毒剂等。

3. 低效消毒剂

仅可杀灭部分细菌繁殖体、真菌和有囊膜病毒，不能杀死结核杆菌、细菌芽孢和较强的真菌和病毒，达到消毒剂要求，包括苯扎溴铵等季铵盐类消毒剂、氯己定（洗必泰）等双胍类消毒剂，汞、银、铜等金属离子类消毒剂及中草药消毒剂。

（二）按化学成分分类

常用的化学消毒剂按其化学性质不同可分为以下几类。

1. 卤素类消毒剂

这类消毒剂有含氯、含碘及卤化海因类消毒剂等。

含氯消毒剂可分为有机氯和无机氯消毒剂两类。目前常用的有二氯异氰尿酸钠及其复方消毒剂、氯化磷酸三钠、液氯、次氯酸钠、三氯异氰尿酸、氯尿酸钾、二氯异氰尿酸等。

含碘消毒剂可分为无机和有机碘消毒剂，如碘伏、碘酊、碘甘油、PVP碘、洗必泰碘等。碘伏对各种细菌繁殖体、真菌、病毒均有杀灭作用，受有机物影响大。

卤化海因类消毒剂为高效消毒剂，对细菌繁殖体及芽孢、病毒真菌均有杀灭作用。目前国内外使用的这类消毒剂有三种：二氯海因（二氯二甲基乙内酰脲，DCDMH）、二溴海因（二溴二甲基乙内酰脲，DBDMH）、溴氯海因（溴氯二甲基乙内酰脲，BCDMH）。

2. 氧化剂类消毒剂

常用的有过氧乙酸、过氧化氢、臭氧、二氧化氯、酸性氧化电位水等。

3. 烷基化气体类消毒剂

这类化合物中主要有环氧乙烷、环氧丙烷和乙型丙内酯等，其中以环氧乙烷应用最为广泛，杀菌作用强大，灭菌效果可靠。

4. 醛类消毒剂

常用的有甲醛、戊二醛等。戊二醛是第三代学消毒剂的代表，被称为冷灭菌剂，灭菌效果可靠，对物品腐蚀性小。

5. 酚类消毒剂

这是一类古老的中效消毒剂，常用的有石炭酸、来苏儿、复合酚类（农福）等。由于酚消毒剂对环境有污染，目前有些国家限制使用酚消毒剂。这类消毒剂在我国的应用也趋向逐步减少，有被其他消毒剂取代的趋势。

6. 醇类消毒剂

主要用于皮肤术部消毒，如乙醇、异丙醇等消毒剂。这类消毒剂可以杀灭细菌繁殖体，但不能杀灭芽孢，属中效消毒剂。近来的研究发现，醇类消毒剂与戊二醛、碘伏等配伍，可以增强消毒效果。

7. 季铵盐类消毒剂

单链季铵盐类消毒剂是低效消毒剂，一般用于皮肤黏膜的消毒和环境表面消毒，如新洁尔灭、度米芬等。双链季铵盐阳离子表面活性剂，不仅可以杀灭多种细菌繁殖体而且对芽孢有一定杀灭作用，属于高效消毒剂。

8. 二胍类消毒剂

低效消毒剂，不能杀灭细菌芽孢，但对细菌繁殖体的杀灭作用强大，一般用于皮肤黏膜的防腐，也可用于环境表面的消毒，如氯己定（洗必泰）等。

9. 酸碱类消毒剂

常用的酸类消毒剂有乳酸、醋酸、硼酸、水杨酸等；常用的碱类消毒剂有氢氧化钠（苛性钠）、氢氧化钾（苛性钾）、碳酸钠（石碱）、氧化钙（生石灰）等。

10. 重金属盐类消毒剂

主要用于皮肤黏膜的消毒防腐，有抑菌作用，但杀菌作用不强。常用的有红汞、硫柳汞、硝酸银等。

（三）按性状分类

消毒剂按性状可分为固体、液体和气体消毒剂三类。

二、化学消毒剂的选择与使用

（一）选择适宜的消毒剂

化学消毒是生产中最常用的方法。但市场上的消毒剂种类繁多，其性质与作用不尽相同，消毒效力千差万别。所以，消毒剂的选择至关重要，关系到消毒效果和消毒成本，必须选择适宜的消毒剂。

1. 优质消毒剂的标准

优质的消毒剂应具备如下条件。

① 杀菌谱广，有效浓度低，作用速度快。

② 化学性质稳定，且易溶于水，能在低温下使用。

③ 不易受有机物、酸、碱及其他理化因素的影响。

④ 毒性低，刺激性小，对人畜危害小，不残留在畜禽产品中，腐蚀性小，使用无危险。

⑤ 无色、无味、无嗅，消毒后易于去除残留药物。

⑥价格低廉，使用方便。

2.适宜消毒剂的选择

（1）考虑消毒病原微生物的种类和特点　不同种类的病原微生物，如细菌、细菌芽孢、病毒及真菌等，它们对消毒剂的敏感性有较大差异，即其对消毒剂的抵抗力有强有弱。消毒剂对病原微生物也有一定选择性，其杀菌、杀病毒力也有强有弱。针对病原微生物的种类与特点，选择合适的消毒剂，是消毒工作成败的关键。例如，要杀灭细菌芽孢，就必须选用高效的消毒剂；季铵盐类是阳离子表面活性剂，因其杀菌作用的阳离子具有亲脂性，而革兰氏阳性菌的细胞壁含类脂多于革兰氏阴性菌，故革兰氏阳性菌更易被季铵盐类消毒剂灭活；如为杀灭病毒，应选择对病毒消毒效果好的碱类消毒剂、季铵盐类消毒剂及过氧乙酸等；同一种类病原微生物所处的不同状态，对消毒剂的敏感性也不同。同一种类细菌的繁殖体比其芽孢对消毒剂的抵抗力弱得多，生长期的细菌比静止期的细菌对消毒剂的抵抗力低。

（2）考虑消毒对象　不同的消毒对象，对消毒剂的不同要求。选择消毒剂时既要考虑对病原微生物的杀灭作用，又要考虑消毒剂对消毒对象的影响。

（3）考虑消毒的时机　平时消毒，最好选用对广范围的细菌、病毒、霉菌等均有杀灭效果，而且是低毒、无刺激性和腐蚀性，对畜禽无危害，产品中无残留的常用消毒剂。在发生特殊传染病时，可选用任何一种高效的非常用消毒剂，因为是在短期间内应急防疫的情况下使用，所以无需考虑其对消毒物品有何影响，而是把防疫灭病的需要放在第一位。

（4）考虑消毒剂的生产厂家　目前生产消毒剂的厂家和产品种类较多，产品的质量参差不齐，效果不一。所以选择消毒剂时应注意消毒剂的生产厂家，选择生产规范、信誉度高的厂家的产品。

（二）化学消毒剂的使用

1.化学消毒剂的使用方法

化学消毒剂的使用方法很多，常用的方法有以下几种。

（1）浸泡法　选用杀菌谱广、腐蚀性弱、水溶性消毒剂，将物品浸没于消毒剂内，在标准的浓度和时间内，达到消毒菌目的。浸泡消毒时，消毒液连续使用过程中，消毒有效成分不断消耗，因此需要注意有效成分浓度变化，应及时添加或更换消毒液。当使用低效消毒剂浸泡时，需注意消毒液被污染的问题，从而避免疫源性的感染。

（2）擦拭法　选用易溶于水、穿透性强的消毒剂，擦拭物品表面或动物体表皮肤、黏膜、伤口等处。在标准的浓度和时间里达到消毒灭菌目的。

（3）喷洒法　将消毒液均匀喷洒在被消毒物体上。如用5%来苏儿溶液喷洒消毒畜禽舍地面等。

（4）喷雾法　将消毒液通过喷雾形式对物体表面、畜禽舍或动物体表进行消毒。

（5）发泡（泡沫）法　发泡消毒是把高浓度的消毒液用专用的发泡机制成泡沫散布在畜禽舍内面及设施表面。主要用于水资源泉贫乏的地区或为了避免消毒后的污水进入污水处理系统破坏活性污泥的活性以及自动环境控制的畜禽舍，一般用水量仅为常规消毒法的1/10。采用发泡消毒法，对一些形状复杂的器具、设备消毒时，由于泡沫能较好地附着在消毒对象的表面，故能得到较为一致的消毒效果，且由于泡沫能较长时间附着在消毒对象表面，延长了消毒剂作用时间。

（6）洗刷法　用毛刷等蘸取消毒剂溶液在消毒对象表面洗刷。如外科手术前术者的手用洗手刷在0.1%新洁尔灭溶液中洗刷消毒。

（7）冲洗法　将配制好的消毒液冲入直肠、瘘管、阴道等部位或冲湿物体表面进行消毒。这种方法消耗大量的消毒液，一般较少使用。

（8）熏蒸法　通过加热或加入氧化剂，使消毒剂呈气体或烟雾，在标准的浓度和时间里达到消毒灭菌目的。适用于畜禽舍内物品及空气消毒精密贵重仪器和不能蒸、煮、浸泡消毒的物品的消

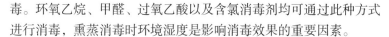

毒。环氧乙烷、甲醛、过氧乙酸以及含氯消毒剂均可通过此种方式进行消毒，熏蒸消毒时环境湿度是影响消毒效果的重要因素。

（9）撒布法　将粉剂型消毒剂均匀地撒布在消毒对象表面。如含氯消毒剂可直接用药物粉剂消毒，常用于地面消毒。消毒时，需要较高的湿度使药物潮解才能发挥作用。

化学消毒剂的使用方法应依据其特点、消毒对象的性质及消毒现场的特点等因素合理选择。多数消毒剂既可以浸泡、擦拭消毒，也可以喷雾处理，根据需要选用合适的消毒方法。如只在液体状态下才能发挥出较好消毒效果的消毒剂，一般采用液体喷洒、喷雾、浸泡、擦拭、洗刷、冲洗等方式。对空气或空间消毒时，可使用部分消毒剂进行熏蒸。同样消毒方法对不同性质的消毒对象，效果往往也不同。如光滑的表面，喷洒药液不易停留，应以擦拭、洗刷、冲洗为宜。较粗糙表面，易使药液停留，可用喷洒、喷雾消毒。消毒还应考虑现场条件。在密闭性好的室内消毒时，可用熏蒸消毒，密闭性差的则应用消毒液喷洒、喷雾、擦拭、洗刷的方法。

2.化学消毒法的选择

（1）根据病原微生物选择　微生物对消毒因子的抵抗力不同，所以要有针对性地选择消毒方法。一般认为，微生物对消毒因子的抵抗力从低到高的顺序为：亲脂病毒（乙肝病毒、流感病毒）、细菌繁殖体、真菌、亲水病毒（甲型肝炎病毒、脊髓灰质炎病毒）、分枝杆菌、细菌芽孢、朊病毒。对于一般细菌繁殖体、亲脂性病毒、螺旋体、支原体、衣原体和立克次氏体等，可用煮沸消毒或低效消毒剂等常规消毒方法，如用新洁尔灭、洗必泰等；对于结核杆菌、真菌等耐受力较强的微生物，可选择中效消毒剂与热力消毒方法；对于污染抗力很强的细菌芽孢需采用热力、辐射及高效消毒剂的方法，如过氧化物类、醛类与环氧乙烷等。另外真菌孢子对紫外线抵抗力强，季铵盐类对肠道病毒无效。

（2）根据消毒对象选择　同样的消毒方法对不同性质的物品消毒效果往往不同。例如物体表面可擦拭、喷雾，而触及不到的表面可用熏蒸，小物体还可以浸泡。消毒时，还要注意保护被消毒物品，使其不受损害。如皮毛制品不耐高温，对于食、餐具、茶具和饮水等不能使用有毒或有异味的消毒剂消毒等。

（3）根据消毒现场选择　需要消毒的环境往往复杂，对消毒方法的选择及效果的影响也是多样的。如居室消毒，房屋密闭性好的，可以选用熏蒸消毒；密闭性差的用液体消毒剂处理。对物品表面消毒时，耐腐蚀的物品用喷洒的方法好，怕腐蚀的物品要用无腐蚀或低腐蚀的化学消毒剂擦拭消毒。对垂直墙面的消毒，光滑表面药物不易停留，使用冲洗或药物擦拭方法效果较好；粗糙表面较易濡湿，以喷雾处理较好。室内空气消毒时，通风条件好的可以利用自然换气法；若通风不好，污染空气长期滞留在建筑物内的，可以使用药物熏蒸或气溶胶喷洒等方法。又如对空气的紫外线消毒，当室内有人时只能用反向照射法（向上方照射），以免对人和牛造成伤害。

用普通喷雾器喷雾时，地面喷雾量为200~300毫升/米^2，其他消毒剂溶液喷洒至表面湿润，要湿而不流，一般用量50~200毫升/米^2。应按照先上后下、先左后右的方法，依次消毒。超低容量喷雾只适用于室内使用，喷雾时，应关好门窗，消毒剂溶液要均匀覆盖在物品表面上。喷雾结束30~60分钟后，打开门窗，散去空气中残留的消毒剂。

喷洒有刺激性或腐蚀性消毒剂时，消毒人员应戴防护口罩和眼镜。所用清洁消毒工具（抹布、拖把、容器）每次用后清水冲洗，悬挂晾干备用，有污染时用250~500毫克/升有效氯消毒液浸泡30分钟，用清水清洗干净，晾干备用。

（4）根据安全性选择　选用消毒方法应考虑安全性，例如，在人群集中的地方，不宜使用具有毒性和刺激性的气体消毒剂，在距火源50米以内的场所，不能使用大量环氧乙烷气体消毒。

（5）根据卫生防疫要求选择　在发生传染病的重点地区，要根据卫生防疫要求，选择合适的消毒方法，加大消毒剂量和消毒频次，以提高消毒质量和效率。

（6）根据消毒剂的特性选择　应用化学消毒剂，应严格注意药物性质、配制浓度，消毒剂量和配制比例应准确，应随配随用，防止过期。应按规定保证足够的消毒时间，注意温度、湿度、pH 值，特别是有机物以及被消毒物品性质和种类对消毒的影响。

3. 化学消毒剂使用注意事项

化学消毒剂使用前应认真阅读说明书，搞清消毒剂的有效成分及含量，看清标签上的标示浓度及稀释倍数。消毒剂均以含有效成分的量表示，如含氯消毒剂以有效氯含量表示，60% 二氯异氰尿酸钠为原粉中含 60% 有效氯，20% 过氧乙酸指原液中含 20% 的过氧乙酸，5% 新洁尔灭指原液中含 5% 的新洁尔灭。对这类消毒剂稀释时不能将其当成 100% 计算使用浓度，而应按其实际含量计算。使用量以稀释倍数表示时，表示 1 份的消毒剂以若干份水稀释而成，如配制稀释倍数为 1 000 倍时，即在每 1 升水中加 1 毫升消毒剂。

使用量以"%"表示时，消毒剂浓度稀释配制计算公式为：$C_1V_1=C_2V_2$（C_1 为稀释前溶液浓度，C_2 为稀释后溶液浓度，V_1 为稀释前溶液体积，V_2 为稀释后溶液体积）。

应根据消毒对象的不同，选择合适的消毒剂和消毒方法，联合或交替使用，以使各种消毒剂的作用优势互补，做到全面彻底地消灭病原微生物。

不同消毒剂的毒性、腐蚀性及刺激性均不同，如含氯消毒剂、过氧乙酸、二氧化氯等对金属制品有较大的腐蚀性，对织物有漂白作用，慎用于这种材质物品，如果使用，应在消毒后用水漂洗或用清水擦拭，以减轻对物品的损坏。预防性消毒时，应使用推荐剂量的低限。盲目、过度使用消毒剂，不仅造成浪费损坏物品，也大量地杀死有益微生物，而且残留在环境中的化学物质越来越多，成为新的污染源，对环境造成严重后果。

多数消毒剂有效期为 1 年，少数消毒剂不稳定，有效期仅为数月，如有些含氯消毒剂溶液。有些消毒剂原液比较稳定，但稀释成使用液后不稳定，如过氧乙酸、过氧化氢、二氧化氯等消毒液，稀释后不能放置时间过长。有些消毒液只能现生产现用，不能储存，如臭氧水、酸性氧化电位水等。

配制和使用消毒剂时应注意个人防护，注意安全，必要时应戴防护眼镜、口罩和手套等。消毒剂仅用于物体及外环境的消毒处理，切忌内服。

多数消毒剂在常温下于阴凉处避光保存。部分消毒剂易燃易爆，保存时应远离火源，如环氧乙烷和醇类消毒剂等。千万不要用盛放食品、饮料的空瓶灌装消毒液，如使用必须撕去原来的标签，贴上一张醒目的消毒剂标签。消毒液应放在儿童拿不到的地方，不放在厨房或与食物混放。万一误用了消毒剂，应立即采取紧急救治措施。

4.化学消毒剂误用或中毒后的紧急处理

大量吸入化学消毒剂时，要迅速从有害环境撤到空气清新处，更换被污染的衣物，清洗手和其他暴露皮肤，如大量接触或有明显不适的要尽快就近就诊；皮肤接触高浓度消毒剂后及时用大量流动清水冲洗，用淡肥皂水清洗，如皮肤仍有持续疼痛或刺激症状，要在冲洗后就近就诊；化学消毒剂溅入眼睛后立即用流动清水持续冲洗不少于15分钟，如仍有严重的眼花部疼痛、畏光、流泪等症状，要尽快就近就诊；误服化学消毒剂中毒时，成年人要立即口服牛奶200毫升，也可服用生蛋清3~5个。一般还要催吐、洗胃。含碘消毒剂中毒可立即服用大量米汤、淀粉浆等。出现严重胃肠道症状者，应立即就近就诊。

三、消毒药物的使用方法

由于消毒药品和被消毒对象种类繁多，消毒药品的使用方法也是多种多样，实践中，常用的有以下几种。

1.喷雾法

把药物装在喷雾器内，手动或机动加压使消毒液呈雾粒状喷出，均匀地滴落在物体表面或地面。

2.熏蒸法

将消毒药加热或利用药品的理化特性使消毒药形成含药的蒸

汽。一般用于空间消毒或密闭消毒室内物品消毒，如福尔马林熏蒸消毒等。

3.喷洒法

一般是将药物装入喷壶或直接泼洒，使消毒液均匀地洒到物体表面或地面。场地和圈舍消毒时常用。

4.冲洗法

将消毒药装入密闭容器或高压枪里，可采用各种不同的压力喷洗，冲入的药液视不同的消毒药而定。

5.浸泡法

将消毒药品浸没在消毒药中一定时间。

6.洗刷法

用毛刷等蘸取消毒药适量，在动物体表或物品表面洗刷。对金属物品洗刷消毒时应禁用腐蚀性的药品。

7.涂擦法

用纱布蘸取消毒液在物体表面擦拭消毒，或用脱脂棉球浸湿消毒液在皮肤、黏膜伤口等处涂擦等。

8.撒布法

将粉剂型消毒药均匀地撒布在消毒对象表面。如用生石灰加适量水使之松散后，撒布在潮湿地面、粪池周围及污水沟消毒。

9.拌和法

对粪便、垃圾等污物消毒时，可用粉剂消毒药品与其拌和均匀，堆放一定时间，就能达到消毒目的。如将漂白粉与粪便按1∶5的比例拌和均匀可消毒粪便。

四、影响消毒效果的因素

消毒效果受许多因素的影响，了解和掌握这些因素，可以指导正确消毒工作，提高消毒效果；反之，处理不当，只会影响消毒效果，导致消毒失败。影响消毒效果的因素很多，概括起来主要有以下几个方面。

（一）消毒剂的种类

针对所要消毒的微生物特点，选择恰当的消毒剂很关键，如果要杀灭细菌芽孢或非囊膜病毒，则必须选用灭菌剂或高效消毒剂，也可选用物理灭菌法，才能取得可靠的消毒效果，若使用酚制剂或季铵盐类消毒剂则效果差；季铵盐类是阳离子表面活性剂，有杀菌作用的阳离子具有亲脂性，杀革兰氏阳性菌和囊膜病毒效果较好，但对非囊膜病毒无能为力。龙胆紫对葡萄球菌的效果特别强。热对结核杆菌有很强的杀灭作用，但一般消毒剂对其作用要比对常见细菌繁殖体的作用差。所以为了取得理想的消毒效果，必须根据消毒对象及消毒剂本身的特点科学选择，采取合适的消毒方法使其达到最佳消毒效果。

（二）消毒剂的配方

良好的配方能显著提高消毒的效果。如用70%乙醇配制季铵盐类消毒剂比用水配制穿透力强，杀菌效果更好；苯酚若制成甲苯酚的肥皂溶液就可杀死大多数繁殖体微生物；超声波和戊二醛、环氧乙烷联合应用，具有协同效应，可提高消毒效力；另外，用具有杀菌作用的溶剂，如甲醇、丙二醇等配制消毒液时，常可增强消毒效果。当然，消毒药之间也会产生拮抗作用，如酚类不宜与碱类消毒剂混合，阳离子表面活性剂不宜与阴离子表面活性剂（肥皂等）及碱类物质混合，它们彼此会发生中和反应，产生不溶性物质，从而降低消毒效果。次氯酸盐和过氧乙酸会被硫代硫酸钠中和。因此，消毒药不能随意混合使用，但可考虑选择几种产品轮换使用。

（二）消毒剂的浓度

任何一种消毒药的消毒效果都取决于其与微生物接触的有效浓度，同一种消毒剂的浓度不同，其消毒效果也不一样。多数消毒剂的消毒效果与其浓度成正比，但也有些消毒剂，随着浓度的增大消毒效果反而下降。各种消毒剂受浓度影响的程度不同。每一种消毒剂都有它的最低有效浓度，要选择有效而又对人畜安全并对设备无腐蚀的杀菌浓度。消毒液浓度并非越高越好，浓度过高，一是浪费，二会腐蚀设备，三还可能对牛造成危害。另外，有些消毒药浓度过高反而会使消毒效果下降，如酒精在75％时消毒效果最好。消毒液用量方面，在喷雾消毒时按每米³空间30毫升为宜，太大会导致舍内过湿，用量小又达不到消毒效果。一般应灵活掌握，在牛群发病、温暖天气等情况下应适当加大用量，而天气冷、后期用量应减少。

（四）作用时间

消毒剂接触微生物后，要经过一定时间后才能杀死病原，只有少数能立即产生消毒作用，所以要保证消毒剂有一定的作用时间，消毒剂与微生物接触时间越长消毒效果越好，接触时间太短往往达不到消毒效果。被消毒物上微生物数量越多完全灭菌所需时间越长。此外，大部分消毒剂在干燥后就失去消毒作用，溶液型消毒剂在溶液中才能有效地发挥作用。

（五）温度

一般情况下，消毒液温度高，药物的渗透能力也会增强，消毒效果可加大，消毒所需要的时间也可缩短。实验证明，消毒液温度每提高10℃，杀菌效力增加1倍，但配制消毒液的水温不超过45℃为好。一般温度按等差级数增加，则消毒剂杀菌效果按几何级数增加。许多消毒剂在温度低时反应速度缓慢，影响消毒效果，甚至不能发挥消毒作用。如福尔马林在室温15℃以下用于消毒时，即使用其有效浓度，也不能达到很好的消毒效果，但室温在20℃以上时，则消毒效果很好。因此，在熏蒸消毒时，需将舍温提高到20℃以上才有较好的效果。

（六）湿度

湿度对气体消毒剂的作用有显著影响。这种影响来自两方面：一是消毒对象的湿度，它直接影响微生物的含水量。如用环氧乙烷消毒时，细菌含水量太多，则需要延长消毒时间；细菌含水量太少，消毒效果亦明显降低。二是消毒环境的相对湿度。每种气体消毒剂都有其适宜的相对湿度范围，如甲醛以相对湿度大于60％为宜，用过氧乙酸消毒时要求相对湿度不低于40％，以60％~80％为宜；熏蒸消毒时需将舍内湿度提高到60％~70％，才有效果。直接喷洒消毒剂干粉处理地面时，需要有较高的相对湿度，使药物潮解后才能发挥作用，如生石灰单独用于消毒是无效的，须洒上水或制成石灰乳等。而紫外线消毒时，相对湿度增高，反而影响穿透力，不利于消毒处理。

（七）酸碱度（pH）

pH 值可从两方面影响消毒效果，一是对消毒的作用，pH 值变化可改变其溶解度、离解度和分子结构；二是对微生物的影响，病原微生物的适宜 pH 值在 6~8，过高或过低的 pH 值不利于杀灭病原微生物。酚类、交氯酸等是以非离解形式起杀菌作用，所以在酸性环境中杀灭微生物的作用较强，碱性环境就差。在偏碱性时，细菌带负电荷多，有利于阳离子型消毒剂作用；而对阴离子消毒剂来说，酸性条件下消毒效果更好些。新型的消毒剂常含有缓冲剂等成分，可以减少 pH 值对消毒效果的直接影响。

（八）表面活性和稀释用水的水质

非离子表面活性剂和大分子聚合物可以降低季铵盐类消毒剂的作用；阴离子表面活性剂会影响季铵盐类的消毒作用。因此在用表面活性剂消毒时应格外小心。由于水中金属离子（如 Ca^{2+} 和 Mg^{2+}）对消毒效果也有影响，所以，在稀释消毒剂时，必须考虑稀释用水的硬度。如季铵盐类消毒剂在硬水环境中消毒效果不好，最好选用蒸馏水稀释。一种好的消毒剂应该能耐受各种不同的水质，不管是硬水还是软水，消毒效果都不受什么影响。

（九）污物、残料和有机物的存在

灰尘、残料等都会影响消毒液的消毒效果，料槽、饮水器等用具消毒时，一定要先清洗再消毒，不能清洗消毒一步完成，否则污物或残料会严重影响消毒效果，使消毒不彻底。

消毒现场通常会遇到各种有机物，如血液、血清、培养基成分、分泌物、脓液、饲料残渣、泥土及粪便等，这些有机物的存在会严重干扰消毒剂消毒效果。因为有机物覆盖在病原微生物表面，妨碍消毒剂与病原直接接触而延迟消毒反应，以至于对病原杀不死、杀不全。部分有机物可与消毒剂发生反应生成溶解度更低或杀菌能力更弱的物质，甚至产生的不溶性物质反过来与其他组分一起对病原微生物起到机械保护作用，阻碍消毒过程的顺利进行。同时有机物消耗部分消毒剂，降低了对病原微生物的作用浓度。如蛋白质能消耗大量的酸性或碱性消毒剂；阳离子表面活性剂等易被脂肪、磷脂类有机物所溶解吸收。因此，在消毒前要先清洁再消毒。当然各种消毒剂受有机物影响程度有所不同。在有机物存在的情况下，氯制剂消毒效果显著降低；季铵盐类、过氧化物类等消毒作用也明显地受有机物影响；但烷基化类、戊二醛类及碘伏类消毒剂则受有机物影响就比较小些。对大多数消毒剂来说，当有有机物影响时，需要适当加大处理剂量或延长作用时间。

（十）微生物的类型和数量

不同类型的微生物对消毒剂的敏感性不同，而且每种消毒剂有各自的特点，因此消毒时应根据具体情况科学地选用消毒剂。

为便于消毒工作的进行，往往将病原微生物对杀菌因子抗力分为若干级以作为选择消毒方法的依据。过去，在致病微生物中多以细菌芽孢的抗力最强，分枝杆菌其次，细菌繁殖体最弱。但根据近年来对微生物抗力的研究，微生物对化学因子抗力的排序依次为：感染性蛋白因子（牛海绵状脑病病原体）、细菌芽孢（炭疽杆菌、梭状芽孢杆菌、枯草杆菌等芽孢）、分枝杆菌（结核杆菌）、革兰氏阴性菌（大肠杆菌、沙门氏菌等）、真菌（念珠菌、曲霉菌等）、无囊膜病毒（亲水病毒）或小型病毒（腺病毒等）、革兰氏阳性菌繁殖体（金黄色葡萄球菌、绿脓杆菌等）、囊膜病毒（亲脂病毒等）或中型病毒（疱疹病毒、流感病毒等）。其中，抗力最强的不再是细菌芽孢，而是最小的感染性蛋白因子（朊粒）。因此，在选择消毒剂时，应根据这些新的排序考虑。

目前所知，对感染性蛋白因子（朊粒）的灭活只有 3 种方法效果较好：一是长时间的压力蒸汽处理，132℃（下排气），30 分钟或 134~138℃（预真空），18 分钟；二是浸泡于 1 摩尔/升氢氧化钠溶液作用 15 分钟，或含 8.25% 有效氯的次氯酸钠溶液作用 30 分钟；三是先浸泡于 1 摩尔/升氢氧化钠溶液内作用 1 小时后以

121℃压力蒸汽，处理60分钟。杀芽孢类消毒剂目前公认的主要有戊二醛、甲醛、环氧乙烷及氯制剂和碘伏等。苯酚类制剂、阳离子表面活性剂、季铵盐类等消毒剂对畜禽常见囊膜病毒有很好的消毒效果，但其对无囊膜病毒的效果就差；无囊膜病毒必须用碱类、过氧化物类、醛类、氯制剂和碘伏类等高效消毒剂才能确保有效杀灭。

消毒对象的病原微生物污染数量越多，则消毒越困难。因此，对严重污染物品或高危区域，如孵化室及伤口等破损处应加强消毒，加大消毒剂的用量，延长消毒剂作用时间，并适当增加消毒次数，这样才能达到良好的消毒效果。

五、消毒过程中存在的误区

养牛户在消毒过程中存在许多误区，致使消毒达不到理想效果。常见消毒误区主要表现在以下几点。

（一）未发生疫病不消毒

消毒的目的是杀灭传染源的病原体，牛传染病的发生要有3个基本环节：传染源，传播途径和易感动物。在畜禽养殖中，有时没有疫病发生，但外界环境存在传染源，传染源会释放病原体，病原体就会通过空气、饲料、饮水等途径，入侵易感牛群，引起疫病发生。若未及时消毒，净化环境，环境中的病原体就会越积越多，达到一定程度时，就会引起疫病的发生。因此，未发生疫病地区的养殖户更应消毒，防患于未然。

（二）消毒前环境不彻底清扫

由于养殖场存在大量的有机物，如粪便、饲料残渣、畜禽分泌物、体表脱落物，以及鼠粪、污水或其他污物，这些有机物中藏匿有大量病原微生物；这会消耗或中和消毒剂的有效成分，严重降低了消毒剂对病原微生物的作用浓度，所以说彻底清扫是有效消毒的前提。这里要引起大家注意的是，就清扫消毒在清除病原中的份量来看，清扫占70%，消毒只占30%。也就是说，要重视清扫，要清扫之后才消毒。

（三）消过毒牛群就不会再得传染病

尽管进行了消毒，但并不一定就能收到彻底的消毒效果，这与选用的消毒剂和质量及消毒方法有关。就是已经彻底规范消毒后，短时间内很安全，但许多病原体可以通过空气、飞禽，老鼠等媒介传播，养殖动物自身不断污染环境，也会使环境中的各种致病微生物大量繁殖，所以必须定时、定位、彻底、规范消毒，同时结合有计划地免疫接种，才能做到牛只不得病或少得病。

（四）消毒剂气味越浓、效果越好

消毒效果的好坏，主要和它的杀菌能力、杀菌谱有关。目前市场上一些先进的、好的消毒剂没有什么气味，如季铵盐络合碘溶液、聚维酮碘、聚醇醚碘，过硫酸盐等；相反有些气味浓、刺激性大的消毒剂，存在着消毒盲区，且气味浓、刺激性大的消毒剂对牛只呼吸道、体表等有一定的伤害，反而易引起呼吸道疾病。

（五）长期固定使用单一消毒剂

长期固定使用单一消毒剂，细菌、病毒会产生抗药性；同时由于杀菌谱的宽窄，不能杀灭某种致病菌使其大量繁殖，对消毒剂可能产生抗药性；因此最好选择几种不同类型的消毒剂轮换使用。

（六）饮水消毒的误区

饮水消毒实际是要把饮水中的微生物杀灭或者减少，以控制牛体内的病原微生物。如果任意加大消毒药物的浓度或让牛长期饮用，除可引起牛只急性中毒外，还可杀死或抑制肠道内的正常菌群，对牛只健康造成危害。所以饮水消毒要严格控制配比浓度和饮用时间。

（七）带牛喷雾消毒的误区

随着规模化养牛的不断发展，带牛消毒已成为规模化牛场常规的生物安全防控措施之一。但在实际应用过程中，牛场存在很多带牛消毒的误区，如果操作不当，不但不会降低疫病风险，反而会损害牛群健康。下面列举了几个常见的牛场带牛消毒误区，期望引起大家的重视。

1. 带牛消毒就是将牛舍中的病原微生物全部杀死

从"带牛消毒"的字面意义上理解，很容易让大家认为，带牛消毒就是要将牛生存环境中的病原微生物全部杀死。但牛是活的生命体，生命体喜欢的是自然、清新的环境，而自然环境中最重要的组成部分就是无处不在的微生物。生命体如果脱离微生物环境，就像生活在沙漠或真空里，很难长期生存。由于规模化牛场的饲养密度大，牛舍内环境质量非常差，各种微生物的数量严重超标。有数据显示，在正常无疫情的情况下，密闭式牛舍在寒冷季节和温暖季节舍内空气中细菌分别是舍外空气的 1 000 倍和 500 倍，半开放式牛舍空气中的细菌浓度是舍外的 10 倍和 580 倍。因此带牛消毒的目的是要降低环境中病原微生物的数量，使其不能够对牛群的健康造成危害，而非要将牛舍中的所有病原微生物全部杀死。在实际生产应用中，我们也能认识到，不论多么高效的消毒剂，都不能 100% 的杀灭环境中的所有微生物，也不可能 24 小时连续带牛消毒。所以，牛场应该重新认识带牛消毒的目的，避免陷入误区。

牛场带牛消毒的目的除了降低舍内病原微生物的数量外，还应包括降低舍内有害气体的含量。特别是牛场冬季时为了保温，牛舍内的氨气、二氧化碳、硫化氢以及悬浮颗粒物含量大幅增加，这些有害物质会破坏牛的呼吸道屏障，增加呼吸道及其他疾病发病几率。所以牛场在选择消毒剂时还应考虑到消毒剂的空气清新作用。比如可以选择弱酸性的消毒剂中和舍内的氨气。中药消毒剂一般选用具有芳香化浊辟秽类的名贵中药，提取物的 pH 值多在 6 左右，除了可以中和舍内氨气，还具有芳香、化浊的作用，明显改善牛舍内空气质量。

2. 带牛消毒应选择杀菌效果最好的消毒剂

市面上消毒剂的种类繁多，牛场在选择消毒剂时，不但要看消毒剂的杀菌效果，还要看其对牛体自身造成损害的程度。比如强酸、强碱类的过氧乙酸和火碱，损伤牛的皮肤、呼吸道黏膜；戊二醛对眼睛、皮肤、黏膜有强烈的刺激作用，吸入可引起喉、支气管的炎症、化学性肺炎、肺水肿等；季铵盐类消毒剂长期使用会使皮肤表皮老化，通过皮肤进入机体后产生慢性中毒并积聚，难以降解。严格来说，所有的化学消毒剂都会对牛体自身造成损害，特别是对牛呼吸道黏膜造成损伤，只是损害的程度有所不同。因此，牛场在选择带牛消毒剂时除了看杀菌效果，还要看消毒剂的毒性，应选择既可以杀灭病原微生物，又不会对牛群健康造成损害的纯中药消毒剂。中药消毒剂在除菌率方面完全可以达到化学消毒剂的效果，由于其取材为纯中药植物，毒副作用远低于化学消毒剂。中药消毒剂中的某些成分还具有镇静、止咳、平喘的作用，同时对牛呼吸道黏膜有很好的保护作用。

3. 带牛消毒频率随意调整

很多牛场认为，既然消毒不能够将牛舍中的病原微生物全部杀死，就没有必要经常消毒，只是每月偶尔象征性的消毒1次，或者听到外面有传染病疫情时再消毒，其实这些做法非常错误。牛群每天都通过呼吸、粪尿向体外排出病原体，必须通过消毒来降低环境中致病微生物的数量，如果任由环境中病原微生物繁殖，当其超过牛群自身的抵抗能力时，就会造成牛群发病。所以规模化牛场应该每两天带牛消毒1次最好，至少做到2次/周。这样才能确保环境中的病原微生物不会对牛群健康造成严重影响。北方有些牛场的保温设施比较落后，舍内温度较低，这种情况下带牛消毒不但会降低舍内温度，同时增加舍内湿度。这时牛场应采用灵活的应对措施，比如选择在中午温暖的时候进行消毒；在过道地面铺撒白灰，以降低舍内湿度；选择具有挥发性的中药消毒剂悬挂到舍内，适当降低带牛喷雾频率等。

带牛消毒是牛场生物安全防控工作的重要措施之一，只有认清带牛消毒的作用，选择合适的消毒剂，才能起到事半功倍的效果。随着国家对环境保护要求的逐年提高，化学消毒剂对土壤、地下水的污染已经引起国家有关部门的高度重视。纯中药的植物消毒剂在消毒效果方面完全可以达到化学消毒剂的标准，对牛群无任何毒副作用，对环境没有任何污染，是牛场带牛消毒剂的首选。同时，纯中药的植物消毒剂在保护牛呼吸道黏膜方面有其独特的优势，具有镇静、止咳、平喘的作用，可以明显降低牛呼吸道及其他疾病的发病率，是未来绿色消毒剂的发展方向。

（八）消毒浓度越高，效果越好

消毒浓度是决定消毒液杀菌（毒）力的首要因素，但并非唯一因素，也不是浓度越高越好，如96%以上酒精不如70%酒精的杀菌效果好。影响消毒效果的因素很多，要根据不同的消毒对象和消毒目的选择不同的消毒剂，选择合适的浓度和消毒方法等。消毒剂对动物多少有点影响，浓度越高对动物越不安全，搞好消毒工作的同时还应时刻关注动物的安全。

六、常用化学消毒剂

20世纪50年代以来，世界上出现了许多新型化学消毒剂，逐渐取代了一些古老的消毒剂。碘释放剂、氯释放剂、长链季铵、双长链季铵、戊二醛、二氧化氯等都是50—70年代逐渐发展起来的。进入90年代消毒剂在类型上没有重大突破，但组配复方制剂增多。国际市场上消毒剂商品名目繁多。美国人医与兽医用的消毒剂品名1 400多种，但其中92%是由14种成分配制而成。我国消毒剂市场发展也很快，消毒剂的商品已达50~60种，但按成分分类只有7~8种。

（一）醛类消毒剂

醛类消毒剂是使用最早的一类化学消毒剂，这类消毒剂抗菌谱广、杀菌作用强，具有杀灭细菌、芽孢、真菌和病毒的作用；性能稳定、容易保存和运输、腐蚀性小、价格便宜。广泛应用于畜禽舍的环境、用具、设备的消毒，尤其对疫源地芽孢消毒。近年来，利用醛类与其他消毒剂的协同作用以减低或消除其刺激性，提高其消毒效果和稳定性，研制出以醛类为主要成分的复方消毒剂，是当前研究的方向。由广东农业科学院兽医研究所研制的长效清（主要成分为甲醛和三差羟甲基硝基甲烷）便是一种复方甲醛制剂，对各类病原体有快速杀灭作用，消毒池内可持续效力达7天以上。

1. 甲醛

又称蚁醛，有刺激性特臭，久置发生浑浊。易溶于水和醇，水中有较好的稳定性。37%~40% 的甲醛溶液称为福尔马林。制剂主要有福尔马林（37%~40% 甲醛）和多聚甲醛（91%~94% 甲醛）。适用于环境、笼舍、用具、器械、污染物品等的消毒；常用的方法为喷洒、浸泡、熏蒸。一般以 2% 的福尔马林消毒器械，浸泡 1~2 小时。5%~10% 福尔马林溶液喷洒畜禽舍环境或每米^{3}空间用福尔马林 25 毫升，水 12.5 毫升，加热（或加等量高锰酸钾）熏蒸 12~24 小时后开窗通风。本品对眼睛和呼吸道有刺激作用，消毒时穿戴防护用具（口罩、手套、防护服等），熏蒸时人员、动物不可停留于消毒空间。

2. 戊二醛

为无色挥发性液体，其主要产品有碱性戊二醛、酸性戊二醛和强化中性戊二醛。杀菌性能优于甲醛 2~3 倍，具有高效、广谱、快速杀菌细菌繁殖体、细菌芽孢、真菌、病毒等微生物。适用于器械、污染物品、环境、粪便、圈舍、用具等的消毒。可采取浸泡、冲洗、清洗、喷洒等方法。2% 的碱性水溶液用于消毒诊疗器械，熏蒸用于消毒物体表面。2% 的碱性水溶液杀灭细菌繁殖体及真菌需 10~20 分钟，杀灭芽孢需 4~12 小时，杀灭病毒病毒需 10 分钟。使用戊二醛消毒灭菌后的物品应用清水及时去除残留物质；保证足够的浓度（不低于 2%）和作用时间；灭菌处理前后的物品应保持干燥；本品对皮肤、黏膜有刺激作用，亦有致敏作用，应注意操作人员的保护；注意防腐蚀；可以带动物使用，但空气中最高允许浓度为 0.05 毫克/千克；戊二醛在 pH 值小于 5 时最稳定，在 pH 值为 7~8.5 时杀菌作用最强，可杀灭金黄色葡萄球菌、大肠杆菌、肺炎双球菌和真菌，作用时间只需 1~2 分钟。兽医诊疗中不能加热消毒的诊疗器械均可采用戊二醛消毒（浓度为 0.125%~2.0%）。本品对环境易造成污染，英国现已禁用。

（二）卤素及含卤化合物类消毒剂

主要有含氯消毒剂（包括次氯酸盐，各种有机氯消毒剂）、含碘消毒剂（包括碘酊、碘仿及各种不同载体的碘伏）和海因类卤化衍生物消毒剂。

1. 含氯消毒剂

是指在水中能产生具有杀菌作用的活性次氯酸的一类消毒剂，包括传统使用的无机含氯消毒剂，如次氯酸钠（10%~12%）、漂白粉（25%）、粉精（次氯酸钙为主，80%~85%）、氯化磷酸三钠（3%~5%）等；有机含氯消毒剂，如二氯异氰尿酸钠（60%~64%）、三氯异氰尿酸（87%~90%）、氯铵 T（24%）等，品种达数十种。

由于无机氯制剂的性质不稳定、难储存、强腐蚀等缺点，近年来国内外研究开发出性质稳定、易储存、低毒、含有效氯达60%~90%的有机氯，如二氯异氰尿酸钠、三氯异氰尿酸、三氯异氰尿酸钠、氯异氰尿酸钠是世界卫生组织公认的消毒剂。随着畜牧养殖业的飞速发展，以二氯异氰尿酸钠为原料制成的多种类型的消毒剂已得到了广泛的开发和利用。国内同类产品有优氯净（河北）、百毒克（天津）、威岛牌消毒剂（山东）、菌毒净（山东）、得克斯消毒片（山东）、氯杀宁（山西）、消毒王（江苏）、宝力消毒剂（上海）、万毒灵、强力消毒灵等，有效氯含量有40%、20%及10%等多种规格的粉剂。

含氯消毒剂的优点是广谱、高效、价格低廉、使用方便，对细菌、芽孢和多种病毒均有较好的灭菌能力，其杀菌效果取决于有效氯的含量，含量越高，杀菌力越强。含氯消毒剂在低浓度时即可有效的杀灭牛结核分枝杆菌、肠杆菌、肠球菌、金黄色葡萄球菌。含氯复合制剂对各种病毒，如口蹄疫病毒等具有较强的杀灭作用。其缺点是在养殖场应用时受有机质、还原物质和 pH 值的影响大，在 pH 值为 4 时，杀菌作用最强；pH 值 8.0 以上，可失去杀菌活性。受日光照射易分解，温度每升高 10℃，杀菌时间缩短 50%~60%。含氯消毒剂的广泛使用也带来了环境保护问题，有研究表明有机氯有致癌作用。

（1）漂白粉　又称含氯石灰、氯化石灰。白色颗粒状粉末，主要成分是次氯酸钙，含有效氯25%~32%，一般保存过程中，有效氯每月减少 1%~3%。杀菌谱广，作用强，对细菌、芽孢、病毒等均有效，但不持久。漂白粉干粉可用于是地面和人、畜排泄物的消毒，其水溶液用于厩舍、畜栏、饲槽、车辆、饮水、污水等消毒。饮水消毒用 0.03%~0.15%，喷洒、喷雾用 5%~10% 乳液，也可以用干粉撒布。用漂白粉配制水溶液时应先加少量水，调成糊状，然后边加水边搅拌配成所需浓度的乳液使用，或静置沉淀，取澄清液使用。漂白粉应保存在密闭容器内，放在阴凉、干燥、通风处。漂白粉对织物有漂白作用，对金属制品有腐蚀性，对组织有刺激性，操作时应做好防护。

漂粉精白色粉末，比漂白粉易溶于水且稳定，成分为次氯酸钙，含杂质少，有效氯含量 80%~85%。使用方法、范围与漂白粉相同。

（2）次氯酸钠 无色至浅黄绿色液体，存在铁时呈红色，含有效氯 10%~12%。为高效、快速、广谱消毒剂，可有效杀灭各种微生物，包括细菌、芽孢、病毒、真菌等。饮水消毒，每立方米水加药 30~50 毫克，作用 30 分钟；环境消毒，每立方米水加药 20~50 克搅匀后喷洒、喷雾或冲洗；食槽、用具等的消毒，每立方米水加药 10~15 克搅匀后刷洗并作用 30 分钟。本品对皮肤、黏膜有较强的刺激作用。水溶液不稳定，遇光和热都会加速分解，闭光密封保存有利于其稳定性。

氯胺 T 又称氯亚明，化学名为对甲基苯磺酰氯胺钠。荷兰英特威公司在我国注册的这种消毒剂，商品名为海氯（halamid）。消毒作用温和持久，对组织刺激性和受有机物影响小。0.5%~1% 溶液，用于食槽、器皿消毒；3% 溶液，用于排泄物与分泌物消毒；0.1%~0.2% 溶液用于黏膜、阴道、子宫冲洗；1%~2% 溶液，用于创伤消毒；饮水消毒，每立方米用 2~4 毫克。与等量铵盐合用，可显著增强消毒作用。

（3）二氯异氰尿酸钠 又称优氯净，商品名为抗毒威。白色晶体，性质稳定，含有效氯 60%~64%，本品广谱、高效、低毒、无污染、储存稳定、易于运输、水溶性好、使用方便、使用范围广，为氯化异氰脲酸类产品的主导品种。20世纪90年代以来，二氯异氰尿酸钠在剂型和用途方面已出现了多样化，由单一的水溶性粉剂，发展为烟熏剂、溶液剂、烟水两用剂（如得克斯消毒散）。烟碱、强力烟熏王等就是综合了国内现有烟雾消毒剂的特点，发展其烟雾量大，扩散渗透力强的优势，从而达到杀菌快速、全面的效果。二氯异氰尿酸钠能有效地快速杀灭各种细菌、真菌、芽孢、霉菌、霍乱弧菌。用于养殖业各种用具的消毒，乳制品业的用具消毒及乳牛的乳头浸泡，防止链球菌或葡萄球菌感染的乳腺炎；兽医诊疗场所、用具、垃圾和空间消毒，化验器皿、器具的无菌处理和物体表面消毒；预防鱼由细菌、病毒、寄生虫等所引起的疾病。饮水消毒，每立方米水用药10毫克；环境消毒，每立方米水加药1~2克搅匀后，喷洒或喷雾地面、厩舍；粪便、排泄物、污物等消毒，每立方米水加药5~10克搅匀后浸泡30~60分钟；食槽、用具等消毒，每立方米水加药2~3克搅匀后刷洗作用30分钟；非腐蚀性兽医用品消毒，每立方米水加药2~4克搅匀后浸泡15~30分钟。可带畜、禽喷雾消毒；本品水溶液不稳定，有较强的刺激性，对金属有腐蚀性，对纺织品有损坏作用。

（4）三氯异氰尿酸　白色结晶粉末，微溶于水，易溶于丙酮和碱溶液，是一种高效的消毒杀菌漂白剂，含有效氯89.7%。具有强烈的消毒杀菌与漂白作用，其效率高于一般的氯化剂，特别适合于水的消毒杀菌。水中水解为次氯酸和氰尿酸，无二次污染，是一种高效、安全的杀菌消毒和漂白剂。用于饮用水的消毒杀菌处理及畜牧、水产、传染病疫源地的消毒杀菌。

2. 含碘消毒剂

含碘消毒剂包括碘及碘为主要杀菌成分制成的各种制剂。常用的有碘、碘酊、碘甘油、碘伏等。常用于皮肤、黏膜消毒和手术器械的灭菌。

（1）碘酒　又称碘酊，是一种温和的碘消毒剂溶液，兽医上一般配成5%（W/V）。常用于免疫、注射部位、外科手术部位皮肤以及各种创伤或感染的皮肤或黏膜消毒。

（2）碘甘油　含有效碘1%，常用于鼻腔黏膜、口腔黏膜及幼畜的皮肤和母畜的乳房皮肤消毒和清洗脓腔。

（3）碘伏　由于碘水溶性差，易升华、分解，对皮肤黏膜有刺激性和较强的腐蚀性等缺点，限制了其在畜牧兽医上的广泛应用。因此，20世纪70—80年代国外发明了一种碘释放剂，我国称碘伏，即将碘伏载在表面活性剂（非离子、阳离子及阴离子）、聚合物如聚乙烯吡咯烷酮（PVP）、天然物（淀物、糊精、纤维素）等载体上，其中以非离子表面活性剂最好。1988年瑞士汽巴——嘉基公司打入我国市场的雅好生（IOSAN）就是以非离子表面活性剂为载体的碘伏。目前，国内已有多个厂家生产同类产品，如爱迪伏、碘福（天津）、爱好生（湖南）、威力碘、碘伏（北京）、爱得福、消毒劲，强力碘以及美国打入大陆市场的百毒消等。百毒消具有获世界专利的独特配方，有零缺点消毒剂的美称，多年来一直是全球畜牧行业首选的消毒剂。南京大学化学系研制成功的固体碘伏即PVPI，在山东、江苏、深圳均有厂家生产，商品名为安得福、安多福。碘伏高效、快速、低毒、广谱，兼有清洁剂之作用。对各种细菌繁殖体、芽孢、病毒、真菌、结核分枝杆菌、螺旋体、衣原体及滴虫等有较强的杀灭作用。在兽医临床常用于：饮水消毒，每米^{3}水加5%碘伏0.2克即可饮用；黏膜消毒，用0.2%碘伏溶液直接冲洗阴道、子宫、乳室等；清创处理，用浓度0.3%~0.5%碘伏溶液直接冲洗创口，清洗伤口分泌物、腐败组织。也可以用于临产前母畜乳头、会阴部位的清洗消毒。碘伏要求在pH值2~5范围内使用，如pH值为2以下则对金属有腐蚀作用。其灭菌浓度10毫升/升（1分钟），常规消毒浓度15~75毫克/升。碘伏易受碱性物质及还原性物质影响，日光也能加速碘的分解，因此环境消毒受到限制。

3.海因类卤化衍生物消毒剂

近年来，在寻找新型消毒剂中发现，二甲基海因（5，5–二甲基乙内酰脲，DMH）的卤化衍生物均有很好的杀菌作用，对病毒、藻类和真菌也有杀灭作用。常用的有二氯海因、二溴海因、溴氯海因等，其中以二溴海因为最好。本类消毒剂应贮存在阴凉、干燥的环境中，严禁与有毒、有害物品混放，以免污染。

（1）二溴海因（DBDMH）　为白色或淡黄色结晶性粉末，微溶于水，溶于氯仿、乙醇等有机溶剂，在强酸或强碱中易分解，干燥时稳定，有轻微的刺激气味。本品是一种高效、安全、广谱杀菌消毒剂，具有强烈杀灭细菌、病毒和芽孢的效果，且具有杀灭水体不良藻类的功效。可广泛用于畜禽饲养场所及用具、水产养殖业、饮水、水体消毒。一般消毒，250~500毫克/升，作用10~30分钟；特殊污染消毒，500~1 000毫克/升，作用20~30分钟；诊疗器械用1 000毫克/升，作用1小时；饮水消毒，根据水质情况，加溴量2~10毫克/升；用具消毒，用1 000毫克/升，喷雾或超声雾化10分钟，作用15分钟。

（2）二氯海因（DCDMH）　为白色结晶粉末，微溶于水，溶于多种有机溶剂与油类，在水中加热易分解，工业品有效氯含量70%以上，氯气味比三氯异氰尿酸或二氯异氰尿酸钠小得多，其消毒最佳pH值为5~7，消毒后残留物可在短时间内生物降解，对环境无任何污染。主要作为杀菌、灭藻剂，可有效杀灭各种细菌、真菌、病毒、藻类等，可广泛用于水产养殖、水体、器具、环境、工作服及动物体表的消毒杀菌。

（3）溴氯海因（BCDMH）　为淡琥珀色结晶性粉末，可加工成片剂，气味小，微溶于水，稍溶于某些有机溶剂，干燥时稳定，吸潮时易分解。本产品主要用作水处理剂、消毒杀菌剂等，具有高效、广谱、安全、稳定的特点，能强烈杀灭真菌、细菌、病毒和藻类。在水产养殖中也有广泛的运用。使用本品后，能改善水质，水中氨、氮下降，溶解氧上升，维护浮游生物优良种群，且残留物短期内可生物降解完全，无任何环境污染。本品不受水体pH值和水质肥瘦影响，且具有缓释性，有效性持续长。

（三）氧化剂类消毒剂

此类消毒剂具有强氧化能力，各种微生物对其十分敏感，可杀灭所有微生物。是一类广谱、高效的消毒剂，特别适合饮水消毒。主要有过氧乙酸、过氧化氢、臭氧、二氧化氯、高锰酸钾等。其优点是消毒后在物品上不留残余毒性，由于化学性质不稳定须现用现配，且因其氧化能力强，高浓度时可刺激、损害皮肤黏膜，腐蚀物品。

1. 过氧乙酸

过氧乙酸是一种无色或淡黄色的透明液体，易挥发、分解，有很强的刺激性醋酸味，易溶于水和有机溶剂。市售有一元包装和二元包装两种规格，一元包装可直接使用；二元包装，它是指由A、B两个组分分别包装的过氧乙酸消毒剂，A液为处理过的冰醋酸，B液为一定浓度的过氧化氢溶液。临用前一天，将A和B按A：B=10∶8（W/W）或12∶10（V/V）混合后摇匀，第二天过氧乙酸的含量高达18%~20%。若温度在30℃左右混合后6小时浓度可大20%，使用时按要求稀释用于浸泡、喷雾、熏蒸消毒。配制液应在常温下2天内用完，4℃下使用不得超过10天。

过氧乙酸常用于被污染物品或皮肤消毒，用0.2%~0.5%过氧乙酸溶液，喷洒或擦拭表面，保持湿润，消毒30分钟后，用清水擦净；0.1%~0.5%的溶液可用于消毒蛋外壳。手、皮肤消毒，用0.2%过氧乙酸溶液擦拭或浸洗1~2分钟；在无动物环境中可用于空气消毒，用0.5%过氧乙酸溶液，每立方米20毫升，气溶胶喷雾，密闭消毒30分钟，或用15%过氧乙酸溶液，每立方米7毫升，置瓷或玻璃器皿内，加入等量的水，加热蒸发，密闭熏蒸（室内相对湿度在60%~80%），2小时后开窗通风。用于带牛消毒时，不要直接对着牛头部喷雾，防止伤害牛的眼睛。车、船等运输工具内外表面和空间，可用0.5%过氧乙酸溶液喷洒至表面湿润，作用15~30分钟。温度越高杀菌力越强，但温度降至–20℃时，仍有明显杀菌作用。过氧乙酸稀释后不能放置时间过长，须现用现配，因其有强腐蚀性，较大的刺激性，配制、使用时应戴防酸手套、防护镜，严禁用金属制容器盛装。成品消毒剂须避光4℃保存，容器不能装满，严禁暴晒。在搬运、移动时，应注意小心轻放，不要拖拉、摔碰、摩擦、撞击。

2. 过氧化氢

又称双氧水，为强腐蚀性、微酸性、无色透明液体，深层时略带淡蓝色，能与水任何比例混合，具有漂白作用。可快速灭活多种微生物，如致病性细菌、细菌芽孢、酵母、真菌孢子、病毒等，并分解成无害的水和氧。气雾用于空气、物体表面消毒，溶液用于饮水器、饲槽、用具、手等消毒。畜禽舍空气消毒时使用1.5%~3%过氧化氢喷雾，每立方米20毫升，作用30~60分钟，消毒后通风。10%过氧化氢可杀灭芽孢。温度越高杀菌力越强，空气的相对湿度在20%~80%时，湿度越大，杀菌力越强，相对湿度低于20%，杀菌力较差，浓度越高杀菌力越强。过氧化氢有强腐蚀性，避免用金属制容器盛装；配制、使用时应戴防护手套、防护镜，须现用现配；成品消毒剂避光保存，严禁暴晒。

3. 臭氧

是一种强氧化剂，具有广谱杀灭微生物的作用，溶于水时杀菌作用更为明显，能有效地杀灭细菌、病毒、芽孢、包囊、真菌孢子等，对原虫及其卵囊也有很好的杀灭作用，还兼有除臭、增加畜禽舍内氧气含量的作用，用于空气、水体、用具等的消毒。饮水消毒时，臭氧浓度为0.5~1.5毫克/升，水中余臭氧量0.1~0.5毫克/升，维持5~10分钟可达到消毒要求，在水质较差时，用3~6毫克/升。国外报告，臭氧对病毒的灭活程度与臭氧浓度高度相关，而与接触时间关系不大。随温度的升高，臭氧的杀菌作用加强。但与其他消毒剂相比，臭氧的消毒效果受温度影响较小。臭氧在人医上已广泛使用，但在兽医上则是一种新型的消毒剂。在常温和空气相对湿度82%的条件下，臭氧对在空气中的自然菌的杀灭率为96.77%，对物体表面的大肠杆菌、金黄色葡萄球菌等的杀灭率为99.97%。臭氧的稳定性差，有一定腐蚀性的毒性，受有机物影响较大，但使用方便、刺激性低、作用快速、无残留污染。

4.二氧化氯

二氧化氯在常温下为黄绿色气体或红色爆炸性结晶，具有强烈的刺激性，对温度、压力和光均较敏感。20 世纪 70 年代末期，由美国 Bio-Cide 国际有限公司找到一种方法将二氧化氯制成水溶液，这种二氧化氯水溶液就是百合兴，被称为稳定性二氧化氯。该消毒剂为无色、无味、无臭、无腐蚀作用的透明液体，是目前国际上公认的高效、广谱、快速、安全、无残留、不污染环境的第四代灭菌消毒剂。美国环境保护部门在 20 世纪 70 年代就进行过反复检测，证明其杀菌效果比一般含氯消毒剂高 2.5 倍，而且在杀菌消毒过程中还不会使蛋白质变性，对人、畜、水产品无害，无致癌、无致畸、无致突变性，是一种安全可靠的消毒剂。美国食品药品管理局和美国环境保护署批准广泛应用于工农业生产，畜禽养殖，动物、宠物的卫生防疫中。在目前，发达国家已将二氧化氯应用到几乎所有需要杀菌消毒领域，被世界卫生组织列为 AI 级高效安全灭菌消毒剂，是世界粮农组织推荐使用的优质环保型消毒剂，正在逐步取代醛类、酚类、氯制剂类、季铵类，为一种高效消毒剂。国外 20世纪 80 年代在畜牧业上推广使用，国内已有此类产品生产、出售，如氧氯灵、超氯（菌毒王）等。

本品适用于畜禽活动场所的环境、场地、栏舍、饮水及饲喂用具等方面消毒。能杀灭各种细菌、病毒、真菌等微生物及藻类及原虫，目前尚未发现能够抵抗其氧化性而不被杀灭的微生物，本品兼有去污、除腥、除臭之功能，是养殖行业理想的灭菌消毒剂，现已较多地用于奶牛场、家禽养殖场的消毒。用于环境、空气、场地、笼具喷洒消毒，浓度为 200 毫克 / 升；禽畜饮水消毒，0.5 毫克 /升；饲料防霉，每吨饲料用浓度 100 毫克 / 升的消毒液 100 毫升，喷雾；笼物、动物体表消毒，200 毫克 / 升，喷雾至种蛋微湿；牲畜产房消毒，500 毫克 / 升，喷雾至垫草微湿；预防各种细菌、病毒传染，500 毫克 / 升，喷洒；烈性传染病及疫源地消毒，1 000 毫克 / 升，喷洒。

5. 酸性氧化电位水

日本于 20 世纪 80 年代中后期发明的高氧化还原电位（+1 100 毫伏）、低 pH 值（2.3~2.7）、含少量次氯酸（溶解氯浓度 20~50 毫克／升）的一种新型消毒水。我国在 20 世纪 90 年代中期引进了酸性氧化电位水，我国第一台酸性氧化电位水发生器已由清华紫光研制成功。酸性氧化电位水最先应用于医药领域，以后逐步扩展到食品加工、农业、餐饮、旅游、家庭等领域。酸性氧化电位水杀菌谱广，可杀灭一切病原微生物（细菌、芽孢、病毒、真菌、螺旋体等）；作用速度快，数十秒钟完全灭活细菌，使病毒完全失去抗原性；使用方便，取之即用，无需配制；无色、无味、无刺激；无毒、无害、无任何毒副作用，对环境无污染；价格低廉；对易氧化金属（铜、铝、铁等）有一定腐蚀性，对不锈钢和碳钢无腐蚀性，因此浸泡器械时间不宜过长；在一定程度上受有机物的影响，因此，清洗创面时应大量冲洗或直接浸泡，消毒时最好事先将被消毒物用清水洗干净；稳定性较差，遇光和空气及有机物可还原成普通水（室温开放保存 4 天；室温密闭保存 30 天；冷藏密闭保存可达 90 天），最好近期配制使用；贮存时最好选用不透明、非金属容器；应密闭、遮光保存，40℃以下使用。

6. 高锰酸钾

又称锰酸钾或灰锰氧，是一种强氧化剂，能氧化微生物体内的活性基，可有效杀灭细菌繁殖体、真菌、细菌芽孢和部分病毒。实际应用：常配成 0.1%~0.2% 浓度，用于牛的皮肤、黏膜消毒，主要是对临产前母牛乳头、会阴以及产科局部消毒用。

（四）烷基化气体消毒剂

通过对微生物的蛋白质、DNA 和 RNA 的烷基化作用将微生物灭活。对各种微生物均可杀灭，包括细菌繁殖体、芽孢、分枝杆菌、真菌和病毒；杀菌力强；对物品无损害。主要包括环氧乙烷、乙型丙内酯、环氧丙烷、溴化甲烷等，其中环氧乙烷应用比较广泛，其他在兽医消毒上应用不广。

环氧乙烷常温常压下为无色气体，具有芳香的醚味，当温度低于 10.8℃时，气体液化。环氧乙烷液体无色透明，极易溶于水，遇水产生有毒的乙二醇。环氧乙烷可杀灭所有微生物，而且细菌繁殖体和芽孢对环氧乙烷的敏感性差异小，穿透力强，对多数物品无损害，属于高效消毒剂。常用于皮毛、塑料、医疗器械、用具、包装材料、畜禽舍、仓库等的消毒或灭菌，且对多数物品无损害。杀灭细菌繁殖体，每立方米空间用 300~400 克作用 8 小时；杀灭污染霉菌，每立方米空间用 700~950 克作用 8~16 小时；杀灭细菌芽孢，每立方米空间用 800~1 700 克作用 16~24 小时。环氧乙烷气体消毒时，最适宜的相对湿度是 30%~50%，温度 40~54℃，不应低于 18℃，消毒时间长，消毒效果越好，一般 8~24 小时。

消毒过程中注意防火防爆，防止消毒袋、柜泄露，控制温、湿度，不用于饮水和食品消毒。工作人员发生头晕、头痛、呕吐、腹泻、呼吸困难等中毒症状时，应立即移离现场，脱去污染衣物，注意休息、保暖，加强监护。如环氧乙烷液体沾染皮肤，应立即用清水或 3% 硼酸溶液反复冲洗。皮肤症状较重或不缓解，应去医院就诊。眼睛污染者，于清水冲洗 15 分钟后点四环素可的松眼膏。

（五）酚类消毒剂

酚类消毒剂为一种最古老的消毒剂，19 世纪末出现的商品名为来苏儿，就是酚类消毒剂。目前国内兽医消毒用酚类消毒剂的代表品种是，20 世纪 80 年代我国从英国引进的复合酚类消毒剂——农福，国内也出现了许多类似产品，如菌毒敌（湖南）、农富复合酚（陕西）、菌毒净（江苏）、菌毒灭（广东）、畜禽安等。其有效成分是烷基酚，是从煤焦油中高温分离出的焦油酸，焦油酸中含的酚是混合酚类，所以又称复合酚。由广东省农业科学院兽医研究所研制的消毒灵是国内第一个符合农福标准的复合酚消毒药。这类消毒剂适用于禽舍、畜舍环境消毒，对各种细菌灭菌力强，对带膜病毒具有灭活能力，但对结核分枝杆菌、芽孢、无囊膜病毒（如法氏囊病毒、口蹄疫病毒）和霉菌杀灭效果不理想。酚类消毒剂受有机物影响小，适用于养殖环境消毒。酚类消毒剂的 pH 值越低，消毒效果越好，遇碱性物质则影响效力。由于酚类化合物有气味滞留，对人畜有毒，不宜用做养殖期间消毒，对畜禽体表消毒也受到限制。

1.石炭酸

又称苯酚，为带有特殊气味的无色或淡红色针状、块状或三棱形结晶，可溶于水或乙醇。性质稳定，可长期保存。可有效杀灭细菌繁殖体、真菌和部分亲脂性病毒。用于物体表面、环境和器械浸泡消毒，常用浓度为3%~5%。本品具有一定毒性和不良气味，不可直接用于黏膜消毒；能使橡胶制品变脆变硬；对环境有一定污染。近年来，由于许多安全、低毒、高效的消毒剂问世，石炭酸已较少应用。

2.煤酚皂溶液

又称来苏儿，黄棕色至红棕色黏稠液体，为甲醛、植物油、氢氧化钠的皂化液，含甲酚50%。可溶于水及醇溶液，能有效杀灭细菌繁殖体、真菌和大部分病毒。1%~2%溶液用于手、皮肤消毒3分钟，目前已较少使用；3%~5%溶液用于器械、用具、畜禽舍地面、墙壁消毒；5%~10%溶液用于环境、排泄物及实验室废弃细菌材料的消毒。本品对黏膜和皮肤有腐蚀作用，需稀释后应用。因其杀菌能力相对较差，且对人畜有毒，有气味滞留，有被其他消毒剂取代的趋势。

3.复合酚

是一种新型、广谱、高效、无腐蚀的复合酚类消毒剂，国内同类商品较多。主要用于环境消毒，常规预防消毒稀释配比1∶300，病原污染的场地及运载车辆可用1∶100喷雾消毒。严禁与碱性药品或其他消毒液混合使用，以免降低消毒效果。

（六）季铵盐类消毒剂

季铵盐类消毒剂为阳离子表面活性剂，具有除臭、清洁和表面消毒的作用。季铵盐消毒剂的发展已经历了五代。第一代是洁尔灭；第二代是在洁尔灭分子结构上加烷基或氯取代基；第三代为第一代与第二代混配制剂，如日本的Pacoma、韩国的Save等；第四代为苯氧基苄基铵，国外称Hyamine类；第五代是双长链二甲基铵。早期有台湾派斯德生化有限公司的百毒杀（主剂为溴化二甲基二癸基铵），北京的敌菌杀，国外商品有 Deciquam222、Bromo-Sept50、以色列 ABIC 公司的 Bromo-Sept 百乐水等。后期又发展氯盐，即氯化二甲基二癸基铵，日本商品名为 Astop（DDAC），欧洲商品名为 Bardac。国内也已有数种同类产品，如畜禽安、铵福（天津）、瑞得士（山西）、信得菌毒杀（山东）、1210 消毒剂（北京、山西、浙江）等。

季铵盐类消毒剂性能稳定，pH 值在 6~8 时，受 pH 值变化影响小，碱性环境能提高药效，还有低腐蚀、低刺激性、低毒等特点，对有机质及硬水还有一定抵抗力。早期季铵盐对病毒灭活力差，但是双长链季铵盐，除对各种细菌有效外，对某些病毒也有良好的效果。但季铵盐对芽孢及无囊膜病毒（如口蹄疫病毒等）效力差。此类消毒剂的配伍禁忌多，使用范围受限制。季铵盐类消毒剂如果与其他消毒剂科学组成复方制剂，可弥补上述不足，形成一种既能杀灭细菌又能杀灭病毒的安全无刺激性的复方消毒制剂。目前，季铵盐类多复合戊二醛，制成复合消毒剂，从而克服了季铵盐的不足，将在兽医上有广泛的应用前景。

1. 苯扎溴铵

又称新洁尔灭或溴苄烷铵，为淡黄色胶状液体，具有芳香气味，极苦，易溶于水和乙醇，溶液无色透明，性质较稳定，价格低廉，市售产品的浓度为 5%。0.05%~0.1% 的水溶液用于手术前洗手消毒、皮肤和黏膜消毒，0.15%~2% 水溶液用于畜禽舍空间喷雾消毒，0.1% 用于种蛋消毒等。本品现配现用，确保容器清洁，不可用作器械消毒，不宜作污染物品、排泄物的消毒。

度米芬又称消毒宁，为白色或微黄色的结晶片剂或粉剂，味微苦而带皂味，能溶于水或乙醇，性能稳定。其杀菌范围及用途与新洁尔灭相似。

2. 百毒杀

为双链季铵盐类消毒剂，双长链季铵盐代表性化合物主要有溴化二甲基二癸基铵（百毒杀）和氯化二甲基二癸基铵（1210 消毒剂），具有毒性低，无刺激性，无不良气味，推荐使用剂量对人、畜禽绝对无毒，对用具无腐蚀性，消毒力可持续 10~14 天。饮水消毒，预防量按有效药量 10 000~20 000 倍稀释；疫病发生时可按 5 000~10 000 倍稀释。畜禽舍及环境、用具消毒，预防消毒按 3 000 倍稀释，疫病发生时按 1 000 倍稀释；牛体喷雾消毒、种蛋消毒可按 3 000 倍稀释；孵化室及设备可按 2 000~3 000 倍稀释喷雾。

（七）醇类消毒剂

醇类消毒剂具有杀菌作用，随着分子量的增加，杀菌作用增强，但分子量过大水溶性降低，反而难以使用，实际工作中应用最广泛的是乙醇。

1. 乙醇

又称酒精，为无色透明液体，有较强的酒气味，室温下易挥发、易燃。可快速、有效地杀灭多种微生物，如细菌繁殖体、真菌和多种病毒，但不能杀灭细胞芽孢。市售的医用乙醇浓度，按重量计算为 92.3%（W/W），按体积计算为 95%（V/V）。乙醇最佳使用浓度为 70%（W/W）或 75%（V/V）。配制 75%（V/V）乙醇方法：取一适当容量的量杯（筒），量取 95%（V/V）乙醇 75 毫升，加蒸馏水至总体积为 95 毫升，混匀即成。配制 70%（W/W）乙醇方法：取一容器，称取 92.3%（W/W）乙醇 70 克，加蒸馏水至总重量为 92.3 克，混匀即成。常用于皮肤消毒、物体表面消毒、皮肤消毒脱碘、诊疗器械和器材擦拭消毒。近年来，较多使用 70%（W/W）乙醇与氯己定、新洁尔灭等复配的消毒剂，效果明显增强。

2. 异丙醇

为无色透明易挥发可燃性液体，具有类似乙醇与丙酮的混合气味。其杀菌效果和作用机制与乙醇类似，杀菌效力比乙醇强，毒性比乙醇高，只能用于物体表面及环境消毒。可杀灭细菌繁殖体、真菌、分枝杆菌及灭活病毒，但不能杀灭细菌芽孢。常用 50%~70%（V/V）水溶液擦拭或浸泡 5~60 分钟。国外常将其与洗必泰配伍使用。

（八）胍类消毒剂

此类消毒剂中，氯已定（洗必泰）已得到广泛的应用。近年来，国外又报道了一种新的胍类消毒剂，即盐酸聚六亚甲基胍消毒剂。

1.氯已定

又称洗必泰，为白色结晶粉末，无臭但味苦，微溶于水和乙醇，溶液呈碱性。杀菌谱与季铵盐类相似，有广谱抑菌，对细菌繁殖体、真菌有较强的杀灭作用，但不能杀灭细菌芽孢、结核分枝杆菌和病毒。因其性能稳定、无刺激性、腐蚀性低、使用方便，是一种用途较广的消毒剂。0.02%~0.05%水溶液用于饲养人员、手术前洗手消毒浸泡3分钟；0.05%水溶液用于冲洗创伤；0.01%~0.1%水溶液可用于阴道、膀胱等冲洗。洗必泰（0.5%）在酒精（70%）作用及碱性条件下可使其灭菌效力增强，可用于术部消毒。但有机质、肥皂、硬水等会降低其活性。配制好的水溶液最好7天内用完。

2.盐酸聚六亚甲基胍

白色无定形粉末，无特殊气味，易溶于水，水溶液无色至淡黄色。对细菌和病毒有较强的杀灭作用，作用快速，稳定性好，无毒、无腐蚀性，可降解，对环境无污染。用于饮水、水体消毒除藻及皮肤黏膜和环境消毒，一般浓度为2 000~5 000毫克/升。

（九）其他化学消毒剂

1.乳酸

是一种有机酸，为无色澄明或微黄色的黏性液体，能与水或醇任意混合。本品对伤寒杆菌、大肠杆菌、葡萄球菌及链球菌具有杀灭和抵制作用。黏膜消毒浓度为200毫克/升，空气熏蒸消毒为1 000毫克/升。

2.醋酸

醋酸为无色透明液体，有强烈酸味，能与水或醇任意混合。其杀菌和抑菌作用与乳酸相同，但比乳酸弱，可用于空气消毒。

3.氢氧化钠

为碱性消毒剂的代表产品。浓度为 1% 时用于玻璃器皿的消毒，2%~5% 时，用于环境、污物、粪便等的消毒。本品具有较强的腐蚀性，消毒时应注意防护，消毒 12 小时后用水冲洗干净。

4.生石灰

又称氧化钙，为白色块状或粉状物，加水后产热并形成氢氧化钙，呈强碱性。是消毒力好、无不良气味、价廉易得、无污染的消毒药。使用时，加入相当于生石灰重量 70%~100% 的水，即生成疏松的熟石灰，也即氢氧化钙，只有这种离解出的氢氧根离子具有杀菌作用。本品可杀死多种病原菌，但对芽孢无效，常用 20% 石灰乳溶液进行环境、圈舍、地面、垫料、粪便及污水沟等的消毒。生石灰应干燥保存，以免潮解失败；石灰乳应现用现配，最好当天用完。

有的场、户在入场或畜禽入口池中，堆放厚厚的干石灰，让鞋踏而过，这起不到消毒作用。也有的用放置时间过久的熟石灰做消毒用，但它已吸收了空气中的二氧化碳，成了没有氢氧根离子的碳酸钙，已完全丧失了杀菌消毒作用，所以也不能使用。有的将石灰粉直接洒在舍内地面上一层，或上面再铺一薄层垫料，这样常造成幼仔牛的蹄爪灼伤，或舔食而灼伤口腔及消化道。有的将石灰直接洒在牛舍内，致使石灰粉尘大量飞扬，会使牛吸入呼吸道内，引起咳嗽、打喷嚏、甩鼻、呼噜等一系列症状，人为的造成了呼吸道炎症。

第四节 消毒效果的检测与强化消毒效果的措施

一、肉牛场消毒效果的检测

肉牛场消毒的目的是为了消灭被各种带菌动物排泄于外界环境中的病原体，切断疾病传播链，尽可能地减少发病概率。消毒效果受到多种因素的影响，包括消毒剂的种类和使用浓度、消毒时的环境条件、消毒设备的性能等。因此，为了掌握消毒的效果，以保证最大限度地杀灭环境中的病原微生物，防止传染病的发生和传播，必须对消毒对象进行消毒效果的检测。

（一）消毒效果检测的原理

在喷洒消毒液或经其他方法消毒处理前后，分别用灭菌棉棒在待检区域取样，并置于一定量的生理盐水中，再以10倍稀释法稀释成不同倍数，分别取定量的稀释液，置于加有固体培养基的培养皿中，培养一段时间后取出，进行细菌菌落计数，比较消毒前后细菌菌落数，即可得出细菌的消除率，根据结果判定消毒效果。

消除率 =（消毒前菌落数 – 消毒后菌落数）/ 消毒前菌落数 ×100%

（二）消毒效果检测的方法

1. 地面、墙壁和顶棚消毒效果的检测

（1）棉拭子法　用灭菌棉拭子蘸取灭菌生理盐水分别对牛舍地面、墙壁、顶棚进行未经任何处理前和消毒剂消毒后2次采样，采样点为至少5块相等面积（3厘米 × 3厘米）。用高压灭菌过的棉棒蘸取含有中和剂（使消毒药停止作用）的0.03摩尔/升的缓冲液中，在试验区事先划出的3厘米 × 3厘米的面积内轻轻滚动涂抹，将棉棒放在生理盐水管中（若用含氯制剂消毒时，应将棉棒放在15%的硫代硫酸钠溶液中，以中和剩余的氯），投入灭菌生理盐水中。振荡后将洗液样品接种在普通琼脂培养基上，置37℃恒温箱培养18~24小时后进行菌落计数。

（2）影印法　将50毫升注射器去头，灭菌，无菌分装普通琼脂制成琼脂柱。分别对牛舍地面、墙壁、顶棚各采样点进行未经任何处理前和消毒剂消毒后2次影印采样，并用灭菌刀切成高度约1厘米厚的琼脂柱，正置于灭菌平皿中，于37℃恒温箱培养18~24小时后进行菌落计数。

2. 对空气消毒效果的检查

（1）平皿暴露法　将待检房间的门窗关闭好，取普通琼脂平板 4~5 个，打开盖子后，分别放在房间的四角和中央暴露 5~30 分钟，根据空气污染程度而定。取出后放入 37℃恒温箱培养 18~24 小时，计算生长菌落。消毒后，再按上述方法在同样地点取样培养，根据消毒前后细菌数的多少，即可按上述公式计算出空气的消毒效果。但该方法只能捕获直径大于 10 微米的病原颗粒，对体积更小、流行病学意义更大的传染性病原颗粒很难捕获，故准确性差。

（2）液体吸收法　先在空气采样瓶内放 10 毫升灭菌生理盐水或普通肉汤，抽气口上安装抽气筒，进气口对准欲采样的空气，连续抽气 100 升，抽气完毕后分别吸取其中液体 0.5、1 和 1.5 毫升，分别接种在培养基上培养。按此法在消毒前后各采样 1 次，即可测出空气的消毒效果。

（3）冲击采样法　用空气采样器先抽取一定体积的空气，然后强迫空气通过狭缝直接高速冲击到缓慢转动的琼脂培养基表面，经过培养，比较消毒前后的细菌数。该方法是目前公认的标准空气采样法。

（三）结果判定

如果细菌减少了 80% 以上为良好，减少了 70%~80% 为较好，减少了 60%~70% 为一般，减少了 60% 以下则为消毒不合格，需要重新消毒。

二、奶牛场消毒效果的检测

奶牛场消毒效果监测的主要对象是紫外线消毒室、挤奶间空气及设备、奶牛乳头、牛舍环境等。主要采用现场生物检测方法及流行病学评价方法。

（一）消毒效果的现场生物学检测方法

1. 空气消毒效果检测

检测对象：紫外线消毒间、挤奶间、牛舍等。

检测方法：平板沉降法。

监测指标：计数平板上的菌落。

操作步骤：在消毒前后，按室内面积≤30米²，于对角线上取3点，即中心一点，两端各一点；室内面积>30米²时，于四角和中央取5个点，每点在距墙1米处放置一个直径为9厘米的普通营养琼脂平板，将平板盖打开倒放在平板旁，暴露15分钟，盖盖，置37℃恒温培养箱培养24小时，计算平板上菌落数，并按下式计算空气中的菌落数：

$$空气中的菌落总数（cfu/m^3）=5\,000N/AT$$

A为平板面积（厘米²）；T为平板暴露的时间（分钟）；N为片板上平均菌落数（cfu）。根据消毒前后被测房间空气中的细菌总数变化，判断消毒是否有效。

2.奶牛乳房及乳头消毒效果检测

（1）细菌菌落总数检测　按常规方法进行乳房及乳头清洗与消毒，待挤完奶后，用浸有灭菌生理盐水的灭菌棉拭子（棉棒）在奶牛乳头及周围5厘米×5厘米处深擦2次，剪去操作者手接触的部分，将棉拭子投入装有5毫升采样液（灭菌生理盐水）的试管内立即送检。将采样管用力振打80次，用无菌吸管吸取1毫升待检采样液，加入灭菌的平皿内，加入已灭菌的45~48℃的普通营养琼脂15毫升。边倾注边摇匀，待琼脂凝固后置37℃培养箱培养24~48小时，计算菌落总数。

菌落的计算方法：

$$乳房细菌菌落总数（cfu/厘米^2）=（平板上的菌落数×采样液稀释倍数）/采样面积（厘米^2）$$

（2）金黄色葡萄球菌检测　吸取采样液0.1毫升，接种于营养肉汤中，于37℃培养24小时，再用接种环划线接种于血平板，37℃培养24小时，观察有无金黄色、圆形凸起、表面光滑、不透明、周围有溶血环的菌落，并对典型菌落作涂片革兰氏染色镜检，如发现革兰氏染色阳性呈葡萄状排列球菌时，可初步判为阳性。

3.奶牛乳头药浴液中细菌含量检测

奶牛乳头药浴是挤奶过程中的必须环节，而检测药浴杯中药液的细菌含量，是确定药浴效果的重要指标。

（1）采样方法　采取换液前使用中的药溶液 1 毫升，加入 9 毫升含有相应中和剂的普通肉汤采样管中混匀。其中：含氯、碘消毒液，可在肉汤中有 0.1% 硫代硫酸钠；洗必泰、季铵类消毒液，需在肉汤中加入 3% 的吐温 80，用于中和被检样液中的残效作用。

（2）检测方法　采用平板涂抹法。用灭菌吸管吸 0.2 毫升药浴液分点滴于 2 个普通琼脂平板上，用灭菌棉拭子涂布均匀，一个平板置 20℃培养 7 天，观察有无真菌生长，另一个平板置 37℃培养 72 小时，观察细菌生长情况。必要时可作金黄色葡萄球菌的分离（方法同上）。

4. 挤奶设备及环境表面消毒效果监测

检测对象：挤奶器内鞘，挤奶杯，挤奶用毛巾、工作服、胶靴，挤奶间，牛舍及工作人员进入牛场的消毒走道表面。

（1）采样方法　棉拭子采样法与奶牛乳房采样方法相同。压印采样法用于消毒毛巾的检测，可用一张直径为 4 厘米浸有无菌生理盐水的滤纸在被采样毛巾或物体表面压贴 10~20 分钟，将贴有样品的滤纸一面贴于普通营养琼脂平皿表面，停留 5~10 分钟后揭去滤纸，将平板置 37℃培养 24 小时。

（2）检测方法　细菌菌落总数检测方法与奶牛乳房检测方法相同。其采样面积（厘米 ^{2}）可估测。对于奶牛乳房炎感染率较高的牛场，有必要在检测物体表面细菌总数的同时，进行特殊病原体（以金黄色葡萄球菌为准）的分离。

（二）消毒效果的流行病学评价方法

一种消毒方法运用于牛场牛群后，其消毒效果不仅体现在消毒前后环境、牛体、物体表面的微生物含量，更直接地体现在对某种感染性疫病的预防中，即采用消毒措施是否可以使牛群减少感染或少发生疾病，这种减少和对照组（消毒方法更换以前）相比有无显著性差异，进而计算出使用消毒剂后对某种疾病的保护率和效果指数，从而得出该消毒方法或消毒液有无使用价值的结论。

采用何种疾病作为判定指标，应根据消毒对象不同而定。用于挤奶过程中的消毒的评价，以奶牛乳房炎（包括临床型和隐性乳房炎）的感染情况作为判定消毒效果的指标；用于犊牛舍、犊牛奶桶、产房环境消毒时，以犊牛发生下痢、肺炎的发病率作为判定消毒效果的指标。

评价方法包括通过对实施消毒或改变消毒方法前后某种疾病的现况调查（描述性调查）和实验对照性调查两种常用方法，各牛场可根据本场技术力量、管理水平及各种条件选择不同的评价方法。

三、强化消毒效果的措施

（一）制订合理的消毒程序并认真实施

在消毒操作过程中，影响消毒效果的因素很多，如果没有一个详细、全面的消毒计划并严格落实实施，消毒的随意性大，就不可能收到良好的消毒效果。

1. 消毒计划（程序）

消毒计划（程序）的内容应该包括消毒的场所或对象，消毒的方法，消毒的时间次数，消毒药的选择、配比稀释、交替更换，消毒对象的清洁卫生以及清洁剂或消毒剂的使用等。

2. 执行控制

消毒计划落实到每一个饲养管理人员，严格按照计划执行并要监督检查，避免随意性和盲目性；要定期检测消毒效果，通过肉眼观察和微生物学的监测，以确保消毒的效果，有效减少或排除病原体。

（二）选择适宜的消毒剂和适当的消毒方法

见本章第三节有关内容。

（三）职业防护

无论采取哪种消毒方式，都要注意消毒人员的自身防护。消毒防护首先要严格遵守操作规程和注意事项，其次要注意消毒人员以及消毒区域内其他人员的防护。防护措施要根据消毒方法的原理和操作规程有针对性。例如，进行喷雾消毒和熏蒸消毒就要穿上防护服，戴上眼镜和口罩；进行紫外线的照射消毒，室内人员都应该离开，避免直接照射。在干热灭菌时防止燃烧；压力蒸汽灭菌时防止爆炸事故及操作人员的烫伤事故；使用气体化学消毒时，防止有毒消毒气体的泄漏，经常检测消毒环境中气体的浓度，多环氧乙烷气体还应防止燃烧、爆炸事故；接触化学消毒剂时，防止过敏和皮肤黏膜损伤等。对进出牛场的人员通过消毒室进行紫外线照射消毒时，眼睛不能看紫外线灯，避免眼睛被灼伤。常用的个人防护用品可以参照国家标准进行选购，防护服应配帽子、口罩、鞋套，并做到防酸碱、防水、防寒、挡风、保暖、透气。

第五节　养牛场的消毒规程

一、环境消毒

1. 空气消毒

空气消毒有 3 种方法：第一，经常通风换气。第二，紫外线照射。一般室内消毒如消毒室、手术室、更衣室等都可用紫外线灯消毒。第三，化学消毒。利用化学试剂进行喷雾或者熏蒸，最常用的是甲醛气体消毒。熏蒸应在密闭的条件下进行，且作用时间足够长。不得在舍内有动物的情况下采用喷雾消毒。

2. 水消毒

牛场应给牛群提供水质良好的清洁饮水。夏季炎热时为防止水中病原微生物污染，可于水中加入 0.02% 的次氯酸钠或百毒杀。冬季应提供加温清洁水，防止饮用冰冻水而发生消化道疾病。

3. 土壤消毒

土壤消毒主要采用生物学和物理学方法，疏松土壤可让土壤充分接受阳光照射，这样可以杀灭大量病原菌。也可用一些化学消毒剂进行喷洒消毒，如用 5%~10% 漂白粉澄清液、4% 甲醛溶液等。

4. 粪便及废弃物消毒

可用发酵池法和堆积法消毒。发酵池法多用于稀粪和废弃物的处理，将稀粪和废弃物倒入不渗漏的发酵池内，发酵处理 1~3 个月后可取出作肥料用；堆积法用于较干的粪便和废弃物，将干粪和废弃物按要求堆积盖好，发酵 1~3 个月后取出亦可用作肥料。

5. 牛舍环境消毒

重点是地面、墙壁、空气、牛舍应设专为奶牛休息的牛床、冬季铺设垫草或细砂。牛舍地面应每天清除粪便、污水及污染垫草，保持通风、干燥、清洁。夏季每隔一个月对舍内地面进行一次喷雾消毒；已使用了 2 年以上的牛舍，应每年对离地面 1.5 米的墙壁用 20% 石灰乳粉刷一次。

6. 挤奶间的消毒

挤奶间是病原微生物易于滋生的场所，是奶牛场重点消毒部位。每次挤奶结束后用高压清洗机冲洗地面，必要时可在水中加入 0.2% 百毒杀或次氯酸钠，每周对挤奶间进行一次空气消毒，可用 0.2% 百毒杀或 0.2% 次氯酸钠喷雾。消毒时避免消毒剂污染到牛奶。

7. 饲料存放处

定期清扫、洗刷和药物消毒。

二、车辆、人员和用具、设备的消毒

1. 车辆消毒

各种车辆进入牛场生产区时必须消毒。牛场门口应设专用消毒池，其大小为：宽 3 米 × 长 5 米 × 深 0.3 米。内加 2% 氢氧化钠或 10% 石灰乳或 5% 漂白粉。定期更换消毒液。进入冬季后，可改用喷雾消毒，消毒液为 0.5% 的百毒杀或次氯酸钠，重点是车轮的消毒。

2. 人员消毒

在紧急防疫期间，禁止外来人员进入生产区参观。进入牛场的人员必须经消毒后方可进入。牛场应备有专用消毒服、帽及胶靴、紫外线消毒间、喷淋消毒及消毒走道。根据国家卫生部颁布的《消毒技术规范》的规定，紫外消毒间室内悬吊式紫外线消毒灯安装数量为每米³ 空间不少于 1.5 瓦、吊装高度距离地面 1.8~2.2 米，连续照射时间不少于30分钟（室内应无可见光进入）。紫外线消毒主要用于空气消毒，不适合人员体表消毒。进入牛场人员在紫外线消毒间更新衣服、帽及胶靴后进入专为消毒鞋底的消毒走道，走道地面铺设草垫或塑料胶垫，内加0.5%次氯酸钠，消毒液的容积以药浴能浸满鞋底为准，有条件的牛场在人员进入生产区前最好做一次体表喷雾消毒，所用药液为0.1%百毒杀。

3.器具消毒

日常用具（如饲喂用具、料槽、饲料车、配种用具、挤奶设备等）可用0.1%新洁尔灭或0.2%~0.5%过氧乙酸消毒。车辆、奶桶等先用清水冲洗干净，小件工具放入3%氢氧化钠中浸泡1~2天，再清水冲洗。无法浸泡时，用3%氢氧化钠溶液刷洗3次，然后在牛舍熏蒸消毒时放入舍内一起熏蒸。

挤奶设备重点是挤奶器的内鞘及挤奶杯的消毒。采用0.2%百毒杀或0.2%次氯酸钠溶液浸泡30分钟，再用85℃以上热水冲洗。挤奶杯每天消毒一次，挤奶器内鞘每周清洗一次。

牛场使用的各种手术器械、注射器、针头、输精枪、开膣器等必须按常规消毒方法严格消毒；免疫注射时，应保证每头奶牛更换一个针头，防止由于针头传播奶牛无浆体病。

三、牛体消毒

1.牛体表消毒

在我国应用于体表的消毒剂有0.1%新洁尔灭、0.1%过氧乙酸等。牛体的消毒效果受消毒剂、喷雾粒子的大小、喷雾距离等因素的影响。刷拭也是保持牛体清洁的较好方法，最好在挤奶前刷拭牛体，每天1~2次。

2.奶牛乳房及乳头消毒

挤奶过程中奶牛乳房及乳头消毒：做好挤奶中的消毒是控制奶牛乳房炎的最主要的技术手段。挤奶员必须保持个人卫生，指甲勤修、工作服勤洗、挤奶操作时手臂用0.1%百毒杀溶液消毒。挤奶前先进行奶牛乳房及乳头清洗与消毒，方法是：

① 用专门的容器收集头三把牛奶。

② 用含 0.2% 次氯酸钠、水温为 50℃左右消毒热水浸泡的毛巾擦洗乳头及乳头括约肌，再用另一消毒毛巾擦干乳头并按摩。

③ 待奶挤干后，用 0.5%~1% 碘伏或 0.3%~0.5% 洗必泰对每个乳头药浴 30 秒钟，冬季应在药浴后擦干乳头，或在药浴液中加入油剂，或在药浴后涂擦少量药用凡士林，防止乳头冻伤。消毒乳房用的毛巾应每天用 0.5% 漂白粉溶液煮沸消毒，经高压灭菌后备用。

3. 母牛产犊期的消毒

怀孕母牛在分娩前应在其所处地面铺设干净垫草，并擦洗消毒乳房及乳头；犊牛出生后，脐带断端用 2% 碘酊消毒；要及时给犊牛吃上初乳，为犊牛准备的专用奶桶每次使用时要用热水冲洗干净。做好上述消毒工作是减少犊牛大肠性腹泻的重要环节。

4. 蹄部消毒

可应用物理和化学消毒法对蹄部消毒。物理消毒法是指及时将奶牛蹄上的污物清除掉，保持蹄壁及蹄叉清洁，而且为了防止蹄壁破裂，可涂上凡士林油润滑；定期将长蹄尖削去，每年春秋两季修蹄。化学消毒法是指每隔 1~2 个月对奶牛的蹄部进行 1 次药浴，方法是在奶牛舍的门口设消毒池，池内放入配制好的消毒液（一般为 4% 硫酸铜溶液），药液的深度以淹没奶牛蹄部为宜，让奶牛在出入牛舍时自行消毒。

四、发生疫病时的紧急消毒

当牛群发生某种传染病时，应将发病牛只隔离、病牛停留的环境用 2%~4% 烧碱喷洒消毒，粪便中加入生石灰处理后用密闭编织袋清除；死亡病牛应深埋或焚烧处理，运送病死牛的工具应用 2% 烧碱或 5% 漂白粉冲洗消毒；病牛舍用 0.5% 过氧乙酸喷雾空气消毒。

第 二 章
◀◀◀ 牛场的隔离卫生 ▶▶▶

第一节　完善牛场的隔离卫生设施

一、科学选择场址和规划布局

（一）牛场场址的正确选择

牛场场址的选择要按照牛的生活习性、生理特点，根据生产需要和经营规模，因地制宜，对地势、地形、土质、水源以及周围环境等进行多方面选择。

1.地势、地形

建设牛场场址要选择地势高燥、平坦、背风向阳、有适当坡度、排水良好、地下水位低的场所。在山区坡地建场，应选择在坡地平缓、向南或向东南倾斜的地方，并且要避开风口，有利于阳光照射，通风透光，四周没有大的树木或其他建筑遮挡，以保证自然通风顺畅（图2-1）。地势高燥、平坦可使牛场环境保持干燥、温暖，有利于牛体温的调节，减少疾病的发生。场地向阳可获得充足阳光杀灭某些病原微生物，有利于维生素D的合

图2-1　牛场建设示意图

成，促进钙、磷代谢，预防佝偻病和软骨病，促进生长发育。

2. 土质

土质对牛的健康、管理和生产性能有很大影响，牛场场地的土壤要求透水性、透气性好，吸湿、吸温、导热性小，质地均匀、抗压性强，沙壤土（图2-2、图2-3）是最理性的建场土壤，符合牛场土壤要求的一切条件，而且沙壤土热容量大，地温稳定，膨胀性小，有利于牛体健康。

图2-2　牛场沙壤场地

图2-3　牛场沙壤场地

3. 水源

水是养牛生产必需的条件。牛场选址要考虑有充足的水源，而且水源周围环境条件好、没有污染源、水质良好、取用方便、符合畜禽饮用水标准，同时还要注意水中含微量元素的成分与含量，特别要避免被工业、微生物、寄生虫等污染的水源，确保人畜安全与健康。

4. 周围环境

牛场场址要选择交通便利、水电供应充足可靠，噪声水平白天不超过90分贝，夜间不超过50分贝的地方。同时考虑当地饲料饲草的生产供应情况，以便就近解决饲料饲草的采购问题，还要考虑环境卫生，既不造成对周围社会环境的影响，又要防止牛场受周围环境，如：化工厂、屠宰场、制革厂等企业的污染，规模牛场应位于居民区的下风口，并至少距离200米。

（二）牛场的规划布局

牛场的布局应根据方便生产、利于生活、便于场内交通、利于防疫卫生等原则进行整体规划和合理布局。

1. 场区的规划

牛场各区域合理规划应遵循以下原则：

（1）合理使用土地 在满足牛舍环境卫生及方便生产管理的前提下，尽量少占土地，尤其是耕地。

（2）科学规划排污设施 牛场规划必须考虑排污措施，即牛粪、尿的无害化处理。

（3）预留发展空间 预留一定的空间，为牛场以后发展创造条件。

2. 牛场的分区

牛场按功能一般分为四个区，即生活区、管理区、生产区、病畜及粪污处理区。分区应结合地形、地势及主风向等因素科学安排。

（1）生活区 包括职工宿舍、餐厅以及技术培训、生活娱乐设施。应建设在牛场上风和地势较高的地段，可不受牛场粪污及噪声的影响，保证生活区良好的环境卫生。

（2）管理区 包括日常办公、业务洽谈等设施，负责全场的生产管理、生产资料的供应、产品的销售及对外的联系。外来人员只能在管理区内活动。

（3）生产区 生产区是养牛场的核心区和生产基地，包括各种牛舍、饲料仓库、饲料加工调制用房、草料堆放贮藏场地等。饲料供应、贮藏、加工调制及与之有关的建筑物，其位置的确定必须兼顾饲料由场外运入、再运到牛舍两个环节，牧草堆放的位置应设在生产区下风口，并与建筑物保持较远的距离，以利于安全防火。

（4）病畜及粪污处理区 粪污处理区应设在牛场最边缘的下风向，处于地势最低处，与生产区保持一定距离，既要便于粪污从牛舍运出，又要便于运到田间施用。

3. 牛场的布局

根据场区规划，搞好牛场布局（图2-4）。可改善场区环境，科学组织生产，提高劳动生产率。要按照牛群组成和饲养工艺来确定各作业区的最佳生产联系，科学合理地安排各类建筑物的位置配备。根据兽医卫生防疫要求和防火安全规定，保持场区建筑物之间的距离。将有关兽医防疫和防火不安全的建筑物安排在场区下风向，并远离职工生活区和生产区。

图2-4 牛场的布局

功能相同或相近的建筑物，要尽量紧凑安排，以便流水作业。场内道路和各种运输管线要尽可能缩短，牛舍要平行整齐排列，泌乳牛舍要与挤奶间、饲料调制间保持最近距离。

场内各类建筑和作业区之间要规划好道路，饲道与运粪道不交叉。路旁和奶牛舍四周搞好绿化，种植灌木、乔木，夏季可防暑遮阴，还可调节小气候。

二、合理设计牛舍和配套隔离卫生设施

（一）牛舍的设计

根据饲养方式的不同，牛舍的建设类型也不同，牛舍是控制牛饲养环境的重要措施，设计牛舍时必须根据牛的生物学特性和饲养管理生产上的要求，为牛创造最佳的生产环境。现代牛舍建设设计应考虑以下几方面：牛舍方位、隔热性能、冬季保温、防潮能力及通风换气。牛舍朝向以南向为好，彩钢保温夹心板具有保温隔热、防火防水、安装拆卸方便等特点，可以作为牛舍屋顶和墙体材料。

根据开放程度不同，牛舍可分为全开放式、半开放式和全封闭式。

全开放式牛舍（图2-5）是外围护结构全开放的牛舍，只有屋顶、四周无墙、全部敞开的牛舍，又称棚舍。这种牛舍结构简单、施工方便、造价低廉，已被广泛利用。在我国中北部气候干燥的地

图2-5　全开放式牛舍

区应用效果较好。弊端是只能遮阳、避雨雪，不能形成稳定的牛舍小气候，人为控制性和操作性不好，不具备很好的强制吹风和喷水降温效果，蚊蝇防治效果较差。

半开放式牛舍（图2-6），即具备部分外围护的牛舍，常见的是东、西、北三面有墙，南面敞开或有半截墙，这种牛舍冬暖夏凉，经济适用。

全封闭式牛舍（图2-7、图2-8），即外围护健全的牛舍，上

图2-6　半开放式牛舍

图2-7　全封闭式牛舍

图2-8　全封闭式牛舍

有顶棚，四周有墙，靠门窗的启闭和机械通风，降温和保温效果良好，应用极为广泛，缺点是建筑成本、造价较高。

（二）配套隔离卫生设施

牛舍内除主要设施牛床、牛栏、颈枷、食槽、喂料通道、清粪通道、粪尿沟及排污设施外，还必须有一套配套设施（图2-9和图2-10），保证牛健康、安全、高效生产。牛舍的配套设施包括防

图2-9　牛舍及配套设施

图 2-10　牛舍及配套设施

疫设施、运动场、凉棚、补饲槽和饮水槽、兽医室及人工授精室、粪尿污水池和贮粪场、青贮窖等。

1. 防疫设施

（1）隔离沟（墙）　在疫情严重的地区，大型育肥场周围应设隔离沟。隔离沟宽大于 6 米，沟深大于 3 米，水深大于 1 米，最好为有源水，以防止病原微生物传播。育肥场周围应设隔离墙，以控制闲杂人员随意进入生产区。一般隔离墙高于 3 米，要把生产区、办公生活区、饲料存放加工区、粪场等场所隔离开，避免相互干扰。

（2）消毒池（室）　外来车辆进入生产区必须经过消毒池，严防把病原微生物带入场内。消毒池宽度应大于一般卡车的宽度，一般大于 2.5 米，长度 4~5 米，深 15 厘米，池沿采用 15 度斜坡，并设排水口。消毒室是为外来人员进入生产区消毒用的，消毒室大小应根据可能的外来人员数量设置。一般为列车式串联两个小间，各 5~8 平方米，其中一个为消毒室，内设小型消毒池和紫外线灯。紫外线灯悬高 2.5 米，悬挂 2 盏，使每立方米功率不少于 1 瓦，另一个为更衣室。外来人员应在更衣室换上罩衣、长筒雨鞋后方可进入生产区。

（3）隔离舍　隔离舍用于隔离外购牛或本场已发现的、可疑为传染病的病牛。以上两种牛应在隔离牛舍观测 10 天。隔离牛舍床位数计算方法：年均存栏数 ÷ 存栏周期的 2 倍（以月计）。例如：计划肉牛 3 个月出栏，规划圈存肉牛数为 200 头，则隔离牛舍牛床位数应为 200 ÷（3×2）≈ 33 个；若计划肉牛 8 个月出栏，则隔离牛舍牛床位数为 200 ÷（8×2）=12.5 ≈ 13 个。隔离牛舍应在生产区的下风向 50 米以外。

2. 运动场

运动场是牛自由运动和休息的地方，一般设在牛舍南面，也

图 2-11　运动场

图 2-12　运动场

可设在牛舍两侧（图2-11、图2-12）。一般为牛舍面积的3~4倍，要求平坦、干燥，有一定的坡度，中间高四周低，以利于排水，周围设排水沟。运动场可采用一半水泥地面、一半泥土地面，中间设隔离栏，土质地面干燥且开放。运动场内还应建立补饲槽和饮水槽，便于补饲粗饲料和及时供应饮水。运动场上面中央最好建有凉棚，利于夏季防暑，高度一般为3.5米或更高一点，凉棚材料以草顶遮阴效果最好，现代材料以夹带隔热材料的双层彩钢板较好。

3.兽医室和人工授精室

应建在生产区较中心部位，便于及时了解、发现牛群发病或发情情况，精液处理间应与消毒室、药房分开，以免影响精子的活力。

4.粪污处理设施

（1）堆肥场　堆肥场地一般由粪便贮存池、堆肥场地以及成品堆肥存放场地等组成。采用间歇式堆肥处理时，粪便贮存池的有效体积应按至少能容纳6个月粪便产生量来计算。养牛场内应建立收集堆肥渗滤液的贮存池；应考虑防渗漏措施，不得污染地下水；应配置防雨淋设施和雨水排水系统。

（2）贮存池　贮存池的总有效容积应根据贮存期确定。贮存期不得低于当地农作物生产用肥的最大间隔时间和冬季封冻期或雨季最长降雨期，一般不得小于30天的排放总量。贮存池应具有防渗漏功能，不得污染地下水。容易侵蚀的部位，应采取防腐蚀措施。贮存池应配备防止降雨（水）进入的措施。贮存池宜配置排污泵。有条件和投资能力的肉牛场，可根据实际情况修建沼气池或建设沼气站。

三、加强牛舍环境控制

环境质量监控是对环境中某些检查和测量有害因素，是牛场环境质量管理的重要环节之一，目的是为了了解被监控环境受污染状况，及时发现污染问题，采取有效措施，保持牛场内良好的环境。利于牛的生长发育，充分发挥生产潜力，保证高产、稳产。环境控制包括对气温、气湿、气流、光辐射及其他环境因素等，都是不可忽视的重要因素。

（一）环境温度

牛是恒温动物，环境温度对牛机体影响最大，牛通过机体热调节适应环境温度的变化，奶牛生产的最适宜的环境温度为 9~16℃，犊牛 13~15℃，环境温度高或低于牛的适宜温度都会给牛生长发育和生产力的发挥带来不良影响。奶牛是怕热不怕冷的动物，高温环境会提高牛的代谢率，大量散发体热，一般外界温度高于 20℃，奶牛就会有热应激发应，严重影响牛体健康，但低温环境会使牛散热过多、代谢失调，不利于牛正常生产。防暑、降温对牛生产尤为重要。

（二）空气湿度

在一般温度条件下，空气湿度对牛体热调节没有影响，但在高温和低温环境中，空气湿度对牛体热调节产生作用。一般湿度越大，体温调节范围越小。高温高湿会导致牛体热散发受阻、体温升高、机能失调、呼吸困难、最后致死、形成热害，是最不利于奶牛生产的环境。低温高湿会增加奶牛体热散发、体温下降、生长发育受阻，饲料报酬降低，增加生产成本。另外，高湿环境还为各类病原微生物及各种寄生虫繁殖发育提供了良好的条件，使牛发病率上升。一般空气湿度在 55%~85% 时对奶牛没有不良影响，高于 90% 则会造成危害，所以奶牛生产上要尽量避免高湿环境。

（三）气流（风）

牛体周围冷热空气不断对流，带走牛体所散发的热量，起到降温作用。炎热季节，加强通风换气，有助于防暑降温，并可排出牛舍中的有害气体改善牛舍环境卫生状况。奶牛舍标准温度、湿度和气流参考表见表 2-1。

表 2-1　奶牛舍标准温度、湿度和气流参考表

舍别	温度（℃）	相对湿度（%）	风速（米/秒）
成年母牛舍	10	80	0.3
犊牛舍	15	70	0.2

（四）光照（日照、光辐射）

阳光中的红外线对动物有热效应的作用，阳光中的紫外线具有强大的生物学效应，能促进牛体对钙的吸收；还具有消毒、杀菌作用；紫外线还可促进血液中红细胞、白细胞数量增加，提高机体抗病能力。所以冬季应增加光照时间，利于牛体防寒，夏季应采取遮阴措施，加强防暑，防止热射病（中暑）的发生。

（五）其他环境因素

大气环境，尤其是牛舍内小气候环境中的有害气体、尘埃、微生物和噪声会对牛健康产生不良影响，轻者引起慢性中毒，使其生长缓慢、体质减弱、抗病力降低、生产力低下；重者会导致患病，甚至死亡。因此加强牛舍通风换气，改善舍内环境卫生非常重要。牛舍中有害气体标准含量见表2-2、牛场空气环境质量标准见表2-3。

表2-2　牛舍中有害气体标准含量

舍别	二氧化碳（%）	氨（毫克/米³）	硫化氢（毫克/米³）	一氧化碳（毫克/米³）
成年母牛舍	0.25	20	10	20
犊牛舍	0.15~0.25	10~15	5~10	5~15

表2-3　牛场空气环境质量标准

项目	单位	场区	牛舍
氨气	毫克/米³	5	20
硫化氢	毫克/米³	2	8
二氧化碳	毫克/米³	750	1500
可吸入颗粒物（标准状态）	毫克/米³	1	2
总悬浮颗粒物（标准状态）	毫克/米³	2	4
恶臭	稀释倍数	50	70

第二节　加强牛场的卫生管理

一、牛场饮水的卫生管理

1. 保证水源安全卫生

场区内应有足够的生产用水，水压和水温均应满足要求，水质应符合 GB 5749 的规定。如需配备贮水设施，应有防污染措施，并定期清洗、消毒。场区内应具有能承受足够大负荷的排水系统，并不得污染供水系统。

牛场的水源应避开农药厂、化工厂、屠宰场等，以防受污染。水源最好是自来水。无自来水，选井水、河水为水源的，须对水进行沉淀、消毒后方可饮用。一般每米^{3}水加 6~10 克漂白粉或用 0.2 克百毒杀。选井水时，最好是深井水，水井应加盖密封，防止污物、污水进入。放牧的牛最好监测水质。硬度过大的饮水一般可采取饮凉开水的方法降低其硬度。饮水中氟含量过高时，可在饮水中加入硫酸铝、氧化镁降低氟含量。

2. 保证饮水器具卫生

饮水器具应保持清洁卫生，每天冲刷，定期消毒。尤其夏季更应注意保持清洁卫生。防止微生物滋生、水质变质。注意运动场上的水槽卫生。

3. 场内供水设备

（1）水井　养牛场内水井应选在污染最少的地方；若井水已被污染，可采取滤法去掉悬浮物，用凝结剂去掉有机物，用紫外线净水器杀灭微生物。若用氯制剂和初生态氧杀灭微生物，则对瘤胃消化不利。如果水中矿物微量元素过量，可采用离子交换法或吸附法除去微量元素。

（2）水塔　养牛场水塔应建在牛场中心。牛场用水周径在 100 米范围时，水塔高度以不低于 5 米为宜；牛场用水周径达到 200 米时，水塔高度应不低于 8 米。水塔的容积，应不少于全场 12 个小时的用水量。高寒地区的水塔应作防冻处理。养牛场也可配备相应功率的无塔送水器。供水主管道的直径以满足全场同时用水的需要为度。

4. 饮用水消毒

饮用水的洁净程度直接影响到肉牛的健康，也影响到牛肉品质和养牛场的经济效益。养牛场要根据实际情况，制订切实可行的饮用水消毒计划并将责任落实到人，以确保肉牛用上洁净、符合卫生要求的饮水。饮用水的消毒非常关键，常用方法有如下几种。

（1）二氯异氰脲酸钠消毒法　用二氯异氰脲酸钠粉消毒饮用水，一般要求消毒 30 分钟后余氯不低于 0.3 毫克 / 升，生产实际中可视水源水质不同，适当调整二氯异氰脲酸钠的用量。

以消毒威为例（含有效氯 30%）。若使用非常洁净的井水，水中几乎不含有机质和病原微生物，对有效氯的消耗较少，每吨水中添加 2~3 克消毒威，水中有效氯浓度达到 0.6~0.9 毫克 / 升，余氯浓度即可符合国家标准；若使用已经过消毒的自来水，按国家标准在出水口余氯不得低于 0.05 毫克 / 升，故也需要采用跟洁净井水一样的消毒处理措施；若使用池塘水、河水等含有机质等杂质较多的地表水，携带的病原微生物可能较多，必须先经净化处理，经沉淀、除去杂质后，再在每吨水中加入 4~15 克消毒威，使水中有效氯浓度达到 4 毫克 / 升，即可达到良好的消毒效果，供肉牛饮用。

消毒威的添加量是否适宜，有个简单的判断方法：加入消毒威处理饮用水 10 分钟后，以手蘸水，能闻到轻微的氯嗅味为宜。加入消毒威的量不宜太多，太多则氯在水中残留较多，导致饮用水口感不好并有难闻的气味，影响肉牛饮用。

使用二氯异氰脲酸钠（消毒威）时，应先将其用适量水溶解，再倒入水中，以保证消毒剂在水中分散均匀。

（2）二氧化氯消毒法　二氧化氯是一种广谱、高效、速效、低毒的消毒剂，是目前世界卫生组织认定的唯一 A1 级安全消毒剂，是城市直饮水广泛采用的消毒剂，同样适用于养牛场的饮水消毒。

以绿力消为例（含二氧化氯 8%）。若使用井水、自来水，每吨水中可添加绿力消 3~5 克；若使用池塘水、河水等地表水，同样需先经过净化处理，以每吨水加入绿力消 6~15 克为宜。若每吨水中加入 15 克绿力消，水中二氧化氯浓度为 1.2 毫克 / 升，即使是中度污染的水源，也可达到良好的消毒效果。

绿力消加入稍微过量，不会产生难闻的气味。但使用时应先用适量水将其活化使之产生二氧化氯。如果直接加入大量水中，其中的亚氯酸盐不能转化为二氧化氯，将会影响绿力消的消毒效果。

（3）碘制剂消毒法　碘制剂也是常用的饮用水消毒剂，其特点是碘酸所含的碘对病毒有良好的杀灭能力，且在水中易被消耗，不产生三氯甲烷等副产物，且所含表面活性剂具有持久抑菌能力。

以碘酸为例（碘酸总含量 15%）。井水、自来水等洁净水源，每吨水中添加碘酸 50 克；地表水（池塘水、河水等）经净化处理后视水质状况可适当加量，以每吨水中添加 100~200 克为宜。

二、牛场饲料的卫生管理

牛场所收购和贮藏使用的饲料，要严格按照《饲料卫生标准》（GB 13078—2001）的要求生产和应用。各种饲草应干净、无杂质、不霉烂变质。

1. 饲料贮藏设施

（1）草料仓库　草料仓库的大小，可根据饲养规模、粗饲料的贮存方式、日粮的精粗比、容重等因素确定。一般情况下，切碎玉米秸的容重为 50 千克 / 立方米。在已知容重情况下，结合饲养规模、采食量大小，对草库大小做出粗略估计。用于贮存切碎粗饲料的草库应建得高一些，一般要求 5~6 米高，草库的窗户离地面也应高一些，至少 4 米以上。用切草机切碎后的草料，可直接喷入草库内。新鲜草要经过晾晒后再切碎，不然会发霉。草库应设防火门，外墙上设有消防用具。草料仓库距下风向建筑物应大于 50 米。

（2）饲料加工间　养牛场的饲料加工车间应包括原料库、成品库、饲料加工间等。原料库应以能贮存肉牛场 10~30 天所需的各种原料为宜，成品库可略小于原料库。库房内应宽敞、干燥、通

风良好。室内地面应高出室外 30~50 厘米，库内以水泥地面为宜。房顶要具有良好的隔热、防水性能，窗户要高，门、窗合适，不但能采光通风，还能防鼠。整体建筑要注意防火。

（3）青贮窖（池） 青贮窖（池）的容积，可根据饲养规模和采食总量而定。青贮饲料的贮备量，可按每头牛每天 20 千克计算，以满足 10~12 个月的需要为度。青贮窖（池）应按 500~600 千克/米³ 的容量设计。

2. 饲料卫生管理

饲料在保存期间要做好防淋、防潮、防霉、防虫、防鼠、防鸟等工作。饲料要分类保存，饲料原料一定要控制好保存条件，夏季潮湿多雨季节，尤其要注意饲料成品的保存，晴天尤其要注意经常翻晒。无论何时，成品饲料以及饲料原料都应远离鼠药、农药、化肥等各种有毒有害物质。

饲料发霉多由于空气中的湿度大引起，因此，原料防霉首先要控制好库房空气湿度。一般情况下，霉菌的发芽需要约 75% 的相对湿度，在 80%~100% 的相对湿度条件下，霉菌生长尤其迅速。贮存精饲料，要求仓库内的相对湿度低于 70%。大型仓贮基地除使用干燥防霉外，还可以使用低温、气调、射线、防霉剂等先进防霉技术。但如果将仓库内氧气浓度控制在 2% 以下，或者将二氧化碳浓度增高到 40% 以上，或者仓库温度可以进行人工或自动控制，在这样的条件之下，霉菌都不容易繁殖，可以不使用防霉剂。一般情况下，气温越高，湿度越大，贮存时间越长，就越需要使用防霉剂。

牧草保存不善，也会发霉变质，尤其是夏秋季堆垛时遭遇连阴雨天气，草垛的中心和底部常生长大量真菌，春季养牛饲喂这部分草料，就会出现中毒症状。引起牛中毒的真菌主要是镰刀菌毒素。镰刀菌可以寄生在稻草、麦秸、甘薯秧、花生秧、多种牧草等草料上。因此，草垛要及时翻晒，保持干燥。取用草垛底部的牧草时，要注意检查，尤其是春雨绵绵时节，更需细心，发现结块霉烂的草料，应及早抛弃。

三、牛场空气的卫生管理

(一)牛场空气质量差的后果

牛舍内空气质量好时,牛就会安静的卧下,通畅的呼吸促进牛的安静反刍和安静休息。但是,如果进到牛舍里感觉空气污浊,闻到有浓重的氨气的味道,说明有问题;如果从屋顶上往下滴水,也存在问题;如果墙上或玻璃上有结雾,室内湿气太高;北方沿海地区发现屋顶上会结冰,这也是室内湿气太高;严寒地区发现地面上结冰,也是因为室内湿气太高,没有进行良好的通风。强制通风,每头牛每分钟的通风面积是 4.85 米^2;自然通风,就是传统的方式;夏天可以安装风机、喷淋、喷雾系统,根据室内的温度调整,这是不可缺少的管理;最后不可缺少是牧场的管理人员应该经常到牛舍里面看通风情况,是否有结冰、结雾。夏季牛舍通风不良时,牛舍内则会闷热潮湿。一旦牛舍通风不良,牛舍内的有害气体特别是氨气大量蓄积,牛舍内气味增大,严重时人进去会咳嗽流泪。长此以往,会减缓肉牛的生产速度,降低奶牛的产奶量,缩短奶牛的寿命,对牛体质以及饲养员的健康埋下隐患。

(二)牛场空气质量差的根本原因是通风差

造成牛舍通风不良的原因很多,但总体上可以分为牛场选址和规划设计管理不合理两个方面。

在牛场选址时,若选择地势较低且周围有其他建筑遮挡的地区,不能保障气流畅通,则会出现通风不良现象。除此以外,牛场的规划设计若没有做到结合牛场所在地的气候特征;选择合适的牛舍样式;而且在自然通风不能满足要求时,没有配备相应的机械通风设备;牛舍的朝向通风口大小计算不精确;牛舍间隔距离不合适等因素都会使牛舍通风效果大打折扣。

牛舍设计和管理不当,现在讲防止牛冻问题,还要考虑牛粪结冰的问题。现在的牛舍是有卷帘的,大家有一个误区就是冬天把卷帘放下来,正确的是暴风雪来临的时候把卷帘放下来,暴风雪过后再把卷帘升起来。每年牛因为热气而死亡的是成百上千的，但是由于冷空气、冷应激影响到牛健康的很少。在北方也是同样的道理，冬天应该更考虑到通风，然后防止地面结冰。现在很多牧场都给犊牛舍加设保温措施，但是同时违背了通风的道理。如果牧场设置了沼气装置，可以用它产生的热量给地面加地暖，防止地面结冰。很少见过一头牛由于冷应激而死亡，但有很多牛因为热应激而死亡。

有研究表明，与冬季相比，热应激使奶牛血清中的孕酮水平明显上升，乳房炎与胎衣不下的发病率分别会提高 9.42 和 23.33 个百分点。此外，热应激易导致奶牛体内的维生素 C、维生素 E 和维生素 A 不足，增加奶牛对维生素的需求量，故容易导致奶牛患上维生素缺乏症。最后，奶牛所产的原奶品质降低。

（三）在保证牛场空气质量并做好保温的同时适度通风

牛粪是产生氨气的主要来源，一头 500 千克重的奶牛每天呼出的水气高达 9 千克，水气量非常大。把牛养在一个大箱子里，不通风，就像把人装在车里面，湿气会很大。到了冬天这些湿气就会在牛舍的墙上、玻璃上、地面上结雾、结冰。因此，要保持舍内空气新鲜，并做好保温的同时，适度通风。

1. 牛舍选址要合理

牛舍的选址是保证自然通风发挥作用的关键。牛舍应该建在四周没有树木或其他建筑遮挡并且地势较高的地方，以保证气流通畅。树木、塔、高大作物或其他建筑物在顺风方向对气流的阻断距离是它们本身高度的 5~10 倍。如果要在有这类障碍物的地方建造使用自然通风系统牛舍，则从各个方向都至少要远离这些障碍物 23 米。

2. 牛场规划及牛舍设计要合理

牛场规划及牛舍设计要合理。为缓解风向变化对牛舍通风的影响，还必须确定牛舍间最小间隔距离。上风向牛舍长度超过 24 米时，保持较大的牛舍间距是必要的。出于防火考虑，通常牛舍的建筑间隔应该为 23 米，特别是主建筑物和综合建筑物。

3.通风喷淋结合

当环境温度高于牛体温时，不可通过单纯加大通风量或喷雾方式来降温，而是应该将通风和喷淋两者结合起来。

4.对机械通风设备要定期维护，提高机械通风设备的使用率

对机械通风设备要定期维护，提高机械通风设备的使用率。很多牛场在实际运行中，不执行当初设计方案，夏季该开风机时不开，有的甚至废弃机械通风设备；冬季敞开的通风面积不够等都导致牛舍的通风不畅，这样不规范的现象应该避免。除此之外，对已坏设备应做到及时更换，以保障牛舍内所有设备都会达到良好运行的效果。最后，牧场管理人员应根据外界气候环境状况和特殊情况做出及时调整牛舍通风降温的方案。

四、牛场的杀虫和灭鼠

1.杀虫

很多节肢动物，如蚊、蝇、虻、蜱等都是畜禽疫病和某些人兽共患病的重要传播媒介，因此杀虫在预防和扑灭畜禽疫病、人兽共患病方面具有重要意义。肉牛场必须重视杀虫和灭鼠，及时消灭疫病传播媒介。

（1）杀虫的种类　肉牛场的杀虫可分为预防性和疫源地杀虫，其操作要求一样，只是时间上有所区别。

预防性杀虫：是指在平时为了预防疫病，而采取的经常性的杀虫措施。按照媒介昆虫的生物学和生态学特点，以消火孳生地为重点。搞好畜舍内卫生和环境卫生，填平废弃沟塘，排除积水，堵塞树洞，改修或修建符合卫生要求的畜舍、畜圈和厕所，发动群众开展经常性的扑灭，有计划地使用药物杀虫等，以控制和消灭媒介昆虫。

疫源地杀虫：是指在发生虫媒疫病时，在疫源地对有关媒介昆虫所采取的较严格彻底的杀虫措施，以达到控制疫病传播的目的。

（2）杀虫的方法　在杀虫方法上，肉牛场的杀虫分为物理、化学和生物杀虫。生产实际上，为达到最好的效果，往往各种方法综合使用。

物理杀虫法：常见的有捕捉法（人工手工捕捉并杀死）、沸水法（用沸水或蒸汽浇烫车船、畜舍、用具、衣物上的昆虫或煮沸衣物杀死昆虫）、火烧法（用火烧昆虫聚居的废物以及墙壁、用具等的缝隙）、干热法（用 100~160℃ 的干热空气杀灭挽具和其他物品上的昆虫及虫卵）、紫外线法（用紫外线灭蚊灯在夜间诱杀成蚊）。

化学杀虫法：化学杀虫需要使用杀虫剂。杀虫剂的作用方式有胃毒、触杀、熏杀和内吸作用。胃毒作用是让节肢动物摄入混有胃毒剂（如敌百虫）的食物时，药物在其肠道内分解而产生毒性使之中毒死亡。触杀作用是通过直接接触虫体，经其体表穿透到体内而使之中毒死亡，或将其气门闭塞使之窒息而死。熏杀作用是通过吸入药物而死亡，但对发育阶段无呼吸系统的节肢动物不起作用。内吸作用是将药物喷于土壤或植物上，被植物根、茎、叶表面吸收，并分布于整个植物体，昆虫在吸食含药物的植物组织或汁液后，发生中毒死亡。常用杀虫剂使用方法见表 2-4。

表 2-4　常用杀虫剂一览表

类别	化学名	商品名	使用浓度	使用方法
拟除虫菊酯类	溴氟菊酯	兽用倍特	25 毫克 / 升	残留喷洒
	氯氰菊酸	灭百可	2.5%	残留喷洒
	氰戊菊醣	速灭杀丁	10~40 毫克 / 升	残留喷洒
有机磷类	敌百虫		1%~3%	喷洒
	敌敌畏		0.1 毫升 / 米^2	喷洒
	二嗪农	新农、螨净	1:1000	喷洒
	倍硫磷	百治屠	0.25%	喷洒
脒类和氨基甲酸酯类	双甲脒	特敌克	0.05%	喷洒
	甲奈威	西维因	2 克 / 米^2	残留喷洒
	残杀威		2 克 / 米^2	残留喷洒
新型杀虫剂		加强蝇必净	100 克 /40 米^2	涂抹在 13 厘米 × 10 厘米的 10~30 个部位上，溶解后浇灌于粪便表层
		蝇蛆净	20 克 /20 米^2	

生物杀虫法：是利用昆虫的病原体、雄虫绝育技术及昆虫的天敌等方法来杀灭昆虫。生物杀虫既能有效杀灭昆虫，又不会对环境造成危害，是重点发展方向。生物杀虫的途径很多，可利用某种病原体感染昆虫，使其降低寿命或死亡；也可应用辐射使雄性昆虫绝育，然后释放，以减少该种昆虫的繁殖数量；或者使用大量激素，抑制昆虫的变态或脱皮，造成昆虫死亡等。

2. 灭鼠

鼠类不但能偷吃粮食、糟蹋饲料，还能传播多种疫病，是重要的传播媒介和传染源，对养殖业危害很大，灭鼠对减少饲料浪费和防止疫病的传播具有重要意义。灭鼠的方法主要有以下几种。

（1）生态灭鼠（防鼠）法　生态的方法就是以破坏老鼠的生活环境从而降低鼠类数量为主要途径的灭鼠防鼠措施，是最常用的积极而重要的防鼠灭鼠方法。通常是采取捣毁隐蔽场所和安装防鼠设备；经常检查养牛场环境，发现鼠洞要及时堵塞；保持牛舍及周围环境的整洁，及时清除垃圾和牛舍内的饲料残渣。将饲料保存在鼠类不能进入的仓库内，这样使鼠类既无藏身之处，又难以得到食物，其繁殖和活动就会受到限制，数量可能降低到最低水平。建筑牛舍、仓库、房舍时，在墙壁、地面、门窗等设施构造上，均应考虑防鼠问题。在发生某些以鼠类为贮存宿主的疫病地区，为防止鼠类窜入，必要时可在房舍周围挖防鼠沟或筑防鼠墙。

（2）器械灭鼠法（物理灭鼠法）　器械灭鼠是指利用捕鼠器械，以食物作诱饵，诱捕（杀）鼠类，或用堵洞、灌洞、挖洞等措施捕杀鼠类的方法。

（3）药物灭鼠法（化学灭鼠法）　药物灭鼠效果最好，各地广泛采用。常用的方法有毒饵法、熏蒸法。毒饵法是当前应用较广泛的一种灭鼠方法。常用的经口毒饵药物有磷化锌、毒鼠磷、安妥、灭鼠安、杀鼠灵、敌鼠钠盐等，各种灭鼠药的配制及使用方法见表2-5。

熏蒸灭鼠法是利用经呼吸道吸入毒气而消灭鼠类的方法，养殖场采用相对较少。常用化学熏蒸剂和各种烟剂，用以消灭船舱、火车厢、仓库、冷库、货栈、下水道及鼠洞内等的鼠类。常用的药物有二氧化硫和烟剂。

二氧化硫一般通过燃烧硫磺得到。二氧化硫在常温下为无色气体，其毒力不强，但渗透力颇强，刺激性大。按每100米^{3}空间用硫黄100克燃烧灭鼠。通常只用于消灭仓库、船舱或下水道中的鼠类。

灭鼠烟剂由灭鼠药、助燃剂和燃料等配制而成。目前灭鼠烟剂的配方很多，可就地取材，因地制宜，选择配方自制。烟剂对人畜无害。常用的有闹羊花烟剂、羊粪末烟剂等。闹羊花烟剂配方：闹羊花（全草）粉末60克，硝酸钠或硝酸钾40克，混匀即成。羊粪末烟剂配方：羊粪末60克，硝酸钠40克，混匀即成。制成的烟剂可根据需要量装入纸筒内，用时将其点燃后放入鼠洞，再用土堵塞洞口。烟剂的用量，对黑线姬鼠等小型鼠类，每洞用10~20克，沙土鼠每洞30~40克，黄鼠及兔鼠每洞40~60克，旱獭每洞300~500克。

表2-5　常用毒饵灭鼠的配制和使用方法

药剂名称	毒饵浓度（％）	毒饵配制方法	用法	注意事项
磷化锌	家鼠2~3野鼠3~10	通常配制成黏附毒饵。以配制10千克2%毒饵为例：取米饭9.8千克，加磷化锌0.2千克，搅拌均匀即成，谷粒毒饵的配制参见"毒鼠磷"	室内：每15平方米投放毒饵1~2堆。野外：在道路、田埂两侧等距（5~10米）和洞旁放谷粒毒饵，每堆1~2克	①本药毒力强，应注意人畜安全 ②长期使用时，出现鼠拒食，应与其他药物交替使用
毒鼠磷	0.5~1.0克	以配制10千克0.5%毒饵为例：取毒鼠磷50克，加25克淀粉或滑石粉稀释，再取大米9.7千克，加植物油250克拌匀；将稀释的药粉分批加到油拌大米中拌匀即成	适用于室内及野外。参见"磷化锌"，每堆投放谷粒毒饵0.5~1.0克	本药毒力强，尚无解毒方法，使用应特别注意

（续表）

药剂名称	毒饵浓度（%）	毒饵配制方法	用法	注意事项
安妥	1~3	以配制10千克1%谷粒毒饵为例：取安妥100克，加200克淀粉或滑石粉稀释；再取9.7千克大米，加植物油250克拌匀；然后把稀释的药粉分次加入油拌大米中，搅拌均匀即成	适用于室内及野外。参见"磷化锌"	对小家鼠毒力较弱；易产生拒食和耐药性，应与其化学药剂交替使用
杀鼠灵	0.025~0.05	以配制10千克0.05%谷粒毒饵为例：取杀鼠灵5克，加295克淀粉或滑石粉稀释；再取9.7千克大米，加植物油拌匀，把稀释的药粉分次加入油拌大米中，搅拌均匀即成	适用于室内。用法参见"磷化锌"。在室内把谷粒毒饵连投3天，每堆3克。第一、第二天被吃去的毒饵，在第二、第三天予以补充	
敌鼠钠盐	家鼠0.025~0.05野鼠0.2~0.3	以配制10千克0.05%谷粒毒饵为例：取敌鼠钠盐5克，加到2千克开水中使之完全溶解，搅匀后再加入大米浸毒饵泡，反复搅拌，待将水吸干后取出晾干即成	适用于室内及野外。用法参见"磷化锌"。室内用0.025%~0.05%连投3天，每堆3克，第一、第二天被吃去的毒饵，第二、第三天应予以补充。野外用0.2%~0.3%毒饵，一次投放，每堆1克以上	①本药作用慢，不适用于处理疫区；②一般须多次投毒饵，投毒饵数量也较多

五、牛场废弃物的处理与综合利用

（一）固体粪便处理

1. 自然腐熟堆肥

是指采用传统的手工操作和自然堆积方式，在有氧条件下，微生物利用粪便中的营养物质在适宜的 C/N 比、温度、通气量和 pH 值等条件下大量生长繁殖，产生高温杀死粪尿中的疫源微生物和寄生虫及虫卵，生产有机肥料的过程。在这种自然腐熟堆肥的过程中，有机物可由不稳定状态，转化为稳定状态。自然腐熟堆肥的方法，是将粪便经过简单处理，堆成长、宽、高分别为 10~18 米、2~5 米、1.5~2 米的长方形粪堆，在 20℃、15~20 天的腐熟期内，将垛堆翻倒 1~2 次，静置堆放 3~5 个月，即可完全腐熟。这是处理牛粪的传统方法，其成本低廉，处理方式简单，但是时间长，占地面积大，如果控制不好，容易污染水体。

2. 人工生物发酵

在粪便中加入微生物复合活菌和辅料，搅拌均匀，控制水分在 55%~65%，将湿粪迅速装入池中踏实，用塑料膜封严，厌氧发酵。一般气温在 5~10℃需要 10~15 天，10~20℃需要 6~10 天，超过 20℃需 3~5 天。

3. 利用昆虫分解

先将粪便与秸秆残渣混合后堆沤腐熟，再将其按一定厚度铺平，放入蚯蚓、蝇、蜗牛或蛆等昆虫，让其在粪堆中生长繁殖，达到既能处理粪便又能生产动物蛋白质的目的。经过处理后的粪便残渣富含无机养分，是种植业的好肥料；同时，还可产生大量动物蛋白，效益显著。试验证明，每平方米培养基的粪便可收获鲜蚯蚓 1.5 万~2 万条，重 30~40 千克。

4. 自然干燥

晴天，将鲜粪摊在塑料布上或直接摊在水泥地上，经常翻动，利用太阳光对粪便进行干燥、杀菌，需 30~40 天完成干燥过程。

此法投资小、易操作、成本低，是肉牛养殖场最常用的粪便处理方法。但自然干燥法也有不少缺点，那就是受天气及季节影响大，对环境污染大，占地面积大，处理规模小，生产效率低，不能彻底灭菌等。

5.机械干燥

机械干燥法需要借助相应的机械设备，以加快粪便的干燥过程。目前使用的机械设备有干燥机和微波设备。

干燥机多为回转式滚筒，可将含水 70%~80% 的粪便直接烘干至 13%。一般将脱水后的粪便加入干燥机后，在滚筒内抄板器翻动下，粪便均匀分散并与热空气充分接触。这种方法干燥速度明显加快，且不受季节、时间影响，能连续、大批量生产，干燥效率高、灭菌除臭效果好，能保留牛粪中的养分，同时达到除去杂草种子、减少环境污染等效果。干燥机干燥法占地面积小、操作简单、便于保养，缺点是一次性投入大、能耗大、处理粪便时易产生恶臭。

微波干燥是将牛粪倒入大型微波设备，在微波产生的热效应作用下，牛粪中的水分蒸发，达到干燥、灭菌的效果。微波干燥的缺点是对原料含水量要求高、能耗大、投资、处理成本高。

（二）污水处理

养殖场污水处理的方法，一般先固液分离，再厌氧或好氧处理。

1.固液分离

养牛场排放出来的废水中固体悬浮物含量高，有机物含量高。通过固液分离，可降低液体部分的污染物负荷量；还可防止较大的固体物进入后续处理环节，防止设备的堵塞损坏等，固液分离，还能增加厌氧消化运转的可靠性，减小厌氧反应器的尺寸及所需的停留时间。

固液分离技术一般包括：筛滤、离心、过滤、浮除、沉降、沉淀、絮凝等工序。目前，我国已有成熟的固液分离技术和相应的设备，其设备类型主要有筛网式、卧式离心机、压滤机以及水力旋流

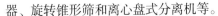

器、旋转锥形筛和离心盘式分离机等。

2.厌氧处理

厌氧处理技术成为养殖场粪污处理中不可缺少的关键技术。对于养殖场的高浓度的有机废水，采用厌氧消化工艺，可在较低的运行成本下，有效地去除大量的可溶性有机物，而且能杀死传染病菌，有利于养殖场的防疫。

厌氧消化即沼气发酵技术，已广泛地用于养殖场废物处理中。我国已成为世界上拥有沼气装置数量最多的国家之一。在建设上虽然不乏失败的例子，但这一技术不失为解决畜禽粪便污水无害化和资源化问题有效的技术方案。畜禽粪便和养殖场产生的废水是有价值的资源，经过厌氧消化处理，既可以实现无害化，同时还可以回收沼气和有机肥，因此，建设沼气工程将是中小型养殖场污水治理的最佳选择，肉牛养殖场更是如此。

3.好氧处理

利用好氧微生物处理养牛场废水的技术可分为天然和人工好氧处理两大类。

天然好氧生物处理是利用天然的水体和土壤中的微生物来净化废水，主要有水体净化和土壤净化两种。水体净化主要有氧化塘（好氧塘、兼性塘、厌氧塘）和养殖塘等；土壤净化主要有土地处理（慢速渗滤、快速法滤、地面漫流）和人工湿地等。这种方法不仅基建费用低，动力消耗少，而且对难以生化降解的有机物、氮磷等营养物和细菌的去除率，往往高于常规处理。天然好氧生物处理的主要缺点是占地面积大和处理效果易受季节影响。

人工好氧生物处理是采取人工强化供氧以提高好氧微生物活力的废水处理方法。该方法主要有活性污泥法、生物滤池、生物转盘、生物接触氧化法、序批式活性污泥法（SBR）、厌氧/好氧（A/O）及氧化沟法等。一般接触氧化法和生物转盘处理效果优于活性污泥法，中等规模的养牛场可选择这种方法。

（三）粪污的利用

1. 生产沼气

利用固液分离技术把粪渣和污水分开，粪液经过进一步净化处理达标排放或用于发酵沼气。沼气供生活使用或发电，沼液供农业灌溉、浸种、杀虫或养鱼；粪渣经过发酵、加工制成有机肥。这样不仅使粪污得到净化处理，而且可以获得沼气，排放的废渣和废液还可用于农业生产，减少化肥、农药的使用量，使粪渣、沼液得到充分利用。

2. 高温堆肥

牛粪堆肥发酵可有效处理牛场废弃物，且在改良土壤和绿色食品生产方面发挥着重要作用。但普通堆肥发酵在牛粪降解过程中会产生有害气体，如氨、硫化氢等，对大气构成威胁。因而，牛粪便需经无害化处理，再适度用于农田。无害化处理最常用的方法是高温堆肥。

3. 循环利用

将牛粪与猪、鸡粪按一定比例制成优质食用菌栽培料，种植食用菌，再将种植食用菌的废渣加工成富有营养价值的生物菌糠饲料。多次重复循环利用，不仅治理了牛场的污染，还充分利用了资源，创造出更高的经济效益。

（四）病死牛无害化处理

牛场的病死畜无害化处理主要是指对病牛尸体或其组织脏器、污染物和排泄物等消毒后用深埋或焚烧等方法进行无害化处理的方式，目的是防止病原体传播。

1. 深埋

（1）选择地点　应选择地势高燥、远离牛场（100米以上）、居民区（1 000米以上）、水源、泄洪区、草原及交通要道，避开岩石地区，位于主导风向的下方，不影响农业生产，避开公共视野。

（2）挖坑　使用挖掘机、装卸机、推土机、平路机和反铲挖土机等，修建掩埋坑，掩埋坑的大小取决于机械、场地和所需掩埋物品的多少。深度2~7米，应保证被掩埋物的上层距离地表1.5米以上。宽度应能让机械平稳地水平填埋处理。长度则应由填埋尸体的多少来定。坑的容积一般不小于动物总体积的 2 倍。

（3）掩埋　在坑底撒漂白粉或生石灰，量可根据掩埋尸体的量确定（0.5~2 千克 / 平方米）掩埋尸体量大的应多加，反之可少加或不加。动物尸体先用 10% 漂白粉上清液喷雾（200 毫升 / 平方米），作用 2 小时。将处理过的动物尸体投入坑内，使之侧卧，并将污染的土层和运尸体时的有关污染物如垫草、绳索、饲料和其他物品等一起入坑。先用 40 厘米厚的土层覆盖尸体，然后再放入未分层的熟石灰或干漂白粉 20~40 克 / 平方米（2~5 厘米厚），然后覆土掩埋，平整地面，覆盖土层厚度不应少于 1.5 米。

掩埋场应标志清楚，并得到合理保护。应对掩埋场地进行必要的检查，以便在发现渗漏或其他问题时及时采取相应措施，在场地可被重新开放载畜之前，应对无害化处理场地复查，以确保对牲畜的生物和生理安全。复查应在掩埋坑封闭后 3 个月进行。

（4）注意事项　石灰或干漂白粉切忌直接覆盖在尸体上，因为在潮湿的条件下熟石灰会减缓作用；任何情况下都不允许人到坑内去处理动物尸体。掩埋工作应在现场督察人员的指挥、控制下，严格按程序进行，所有工作人员均必须接受过培训。

2. 焚烧

费钱费力，只有在不适合用掩埋法处理尸体时采用。焚化可采用的方法有：柴堆火化、焚化炉和焚烧窑等，这里主要介绍常用的柴堆火化法。

（1）选择地点　应远离居民区、建筑物、易燃物品，上面不能有电线、电话线，地下不能有自来水、燃气管道，周围有足够的防火带，位于主导风向的下方，避开公共视野。

（2）准备火床

"十"字坑法：按十字形挖两条坑，其长、宽、深分别为 2.6 米、0.6 米、0.5 米，在两坑交叉处的坑底堆放干草或木柴，坑沿横放数条粗湿木棍，将尸体放在架上，在尸体的周围及上面再放些木柴，在木柴上倒些柴油，并压以砖瓦或铁皮。

单坑法：挖一条长、宽、深分别为2.5米、1.5米、0.7米的坑，将取出的土堆堵在坑沿的两侧。坑内用木柴架满，坑沿横架数条粗湿木棍，将尸体放在架上，以后处理同上。

双层坑法：先挖一条长、宽各2米，深0.75米的大沟，在沟的底部再挖一长2米、宽1米、深0.75米的小沟，在小沟沟底铺以干草和木柴，两端各留出18~20厘米的空隙，以便吸入空气，在小沟沟沿横架数条粗湿木棍，将尸体放在架上，以后处理同上。

（3）焚烧　把尸体横放在火床上，尸体背部向下、而且头尾交叉，尸体放置在火床上后，可切断四肢的伸肌腱，以防止在燃烧过程中，肢体的伸展。当尸体堆放完毕、且气候条件适宜时，用柴油浇透木柴和尸体。用煤油浸泡的破布引火，保持火焰的持续燃烧，在必要时要及时添加燃料。焚烧结束后，掩埋燃烧后的灰烬，表面撒布消毒剂。填土高于地面，场地及周围消毒，设立警示牌，查看。

（4）注意事项　点火前所有车辆、人员和其他设备都必须远离火床，点火时应顺风向点火。进行自然焚烧时应注意安全，须远离易燃易爆物品，以免引起火灾和人员伤害。运输器具应当消毒。焚烧人员应做好个人防护。焚烧工作应在现场督察人员的指挥、控制下，严格按程序进行，所有工作人员均必须接受过培训。

3. 发酵

此法是将尸体抛入专门的尸体发酵池内，利用生物方法将尸体发酵分解，以达到无害化处理的目的。

（1）选择地点　选择远离住宅、动物饲养场、草原、水源及交通要道的地方。

（2）建发酵池　池深9~10米，直径3米，池壁及池底用不透水材料制作成。池口高出地面约30厘米，池口做一个盖，盖平时落锁，池内有通气管。尸体堆积于池内，当堆至距池口1.5米处时，再用另一个池。此池封闭发酵，夏季不少于2个月，冬季不少于3个月，待尸体完全腐败分解后，可以挖出作肥料，两池轮换使用。

第三节　牛场的驱虫

由于肉牛采食粗饲料、牧草等而经常接触地面，因此，消化道内易感染各种线虫，体外也易感染虱、螨、蜱、蝇蛆等寄生虫。牛的机体轻度到中度感染寄生虫后，饲料的转化率受到影响，主要是食欲降低和吸收的蛋白质及能量利用率降低，胴体的质量和增重效果也有下降，进而影响牛养殖的经济效益。

一、驱虫药的选择

驱虫药种类繁多，常用的有阿弗米丁、丙硫苯咪唑、敌百虫、左旋咪唑等。要因虫选药。牛感染寄生虫病的种类很多，有的还发生合并感染。在用药之前，应通过检查其粪便和各种症状，确诊后，根据感染寄生虫的种类选择驱虫药，切不可盲目用药。否则，不但驱虫的效果不好，反而对牛的身体不利。阿维菌素（虫克星）为驱虫首选药物，此药物对畜禽体内的几十种线虫及体外虱、螨、蜱、蝇蛆等体内外寄生虫均有效。根据不同剂型可口服、灌服和皮下注射。

很多养牛户反映，常用阿维菌素、伊维菌素等药物对肉牛驱虫，由于所买驱虫药物含量达不到规定标准，驱虫效果不理想。如果是这样，牛体内的驱虫可用丙硫咪唑，一次口服剂量为 10 毫克/千克体重或盐酸左旋咪唑 7.5~10 毫克 / 千克体重，空腹服下。在有肝片吸虫的地方，可用硝氯酚等药物驱虫。此外，可以在每吨饲料中添加 0.5 千克芬苯达唑，按正常饲喂方法饲喂，对牛体内、体外的寄生虫均有良好的驱除效果。注意，在饲料中添加驱虫药物一定拌匀，免得个别牛吃不到，影响效果。

去除牛体表的外寄生虫常采用浓度为 2%~5% 的敌百虫水溶液涂擦牛体（牛要戴嘴笼子），或者用浓度为 0.3% 的过氧乙酸逐头对牛体喷洒后，再用浓度为 0.25% 的螨净乳剂进行 1 次普遍擦拭，可于首次用药 1 星期后再重复给 1 次药。在具体应用中要注意：不可随意加大用药量；发现不良反应立即停药，对症状严重的牛只请兽医对症治疗。

二、驱虫药物使用方法

（一）群体给药法

1.混饲法

即把药物按一定浓度均匀地拌入饲料中，让牛自由食入。如牛群数量大，驱除牛体内寄生虫可采用混饲给药。

2.混饮法

即把驱虫药均匀地混入饮水中让牛自由饮入。常用的有驱线虫的左旋咪唑等。

3.喷洒法

由于牛的外寄生虫如虱、蠕形螨、疥螨等，除寄生于牛体表或皮内外，在圈舍及活动场内，还有各发育阶段的虫体或虫卵。因此，在生产实践中，常将杀虫药物配成一定浓度的溶液，均匀地喷洒于牛的圈舍、体表及其活动场所，以达到同步彻底杀灭体表及外界环境中各发育阶段虫体之目的。

4.撒粉法

在寒冷季节，无法使用液体剂型喷洒法时，常用此法。将杀虫粉剂均匀撒布于牛体及其活动场所即可。

（二）个体给药法

1.药浴法或洗浴法

该法主要在温暖季节及饲养量小的情况下使用。将杀虫药物配成所需浓度置于药浴池内，把患外寄生虫病的牛除头部以外的各部位浸于药液中半分钟至 1 分钟。应用该法，牛体表各部位与药液可充分接触，杀虫效果确实可靠。

2.涂擦法

用于牛的某些外寄生虫病如疥螨、痒螨病等，将药液直接涂布于牛患处，以便药物更好地与虫体接触而发挥杀虫效果。

3. 内服法

对于个体饲养量小，或不能自食自饮的个别危重病牛，可将片剂、胶囊剂或液体剂型的驱虫药物经口投服，或用细胶管插入牛食道灌服，以达到驱除牛体寄生虫之目的。

4. 注射法

生产中可根据不同药物的性质、制剂、牛对药物的反应情况以及不同驱虫目的选用不同注射法。有些驱虫药如左旋咪唑等，可通过皮下或肌内注射给药；有些药物如伊维菌素，对牛的各种蠕虫及体外寄生虫均有良好的驱杀效果，但只能通过皮下注射给药。

三、驱虫时注意事项

（一）驱虫最好安排在下午或晚上

驱虫后，牛在第2天白天排出虫体，便于收集处理。驱虫应选在牛空腹时进行，投药前最好停食数小时，只给饮水，以利于药物吸收，提高药效。驱虫后，牛应隔离饲养2星期，对其粪便消毒、无害化处理。

（二）刚入舍的牛不宜驱虫

刚入舍的牛由于环境变化、运输、惊吓等原因，易产生应激反应，可在饮水中加入少量食盐和红糖，连饮1星期，并多投喂青草或青干草，2天后添加少量麸皮，逐步过渡，要注意观察牛群的采食、排泄及精神状况，待整体的牛只稳定后再驱虫。

（三）要定期驱虫

一般每季度1次，最好是丙硫咪唑和伊维菌素同时使用。具体用法：内服丙硫咪唑15毫克/千克体重，同时用0.1%伊维菌素肌注0.2毫升/千克体重，这样联合用药对上述寄生虫都有较好的作用。

（四）大群驱虫时先小群试验

给大群牛驱虫时，先选用几头进行药效试验，一是看所用的药物是否对症；二是可防止大批牛中毒。驱虫药物一般毒性较大，经试验证实是安全有效的药物，再给大群牛使用。

(五)驱虫后要健胃

驱虫 3 日后,为增加食欲,改善消化机能,应健胃 1 次。

健胃的方法有多种,可口服人工盐 60~100 克 / 头或灌服健胃散 350~450 克 / 头,日服 1 次,连服 2 日。对个别瘦弱牛灌服健胃散后再灌服酵母粉,日服 1 次,每次服 250 克,也可投喂酵母片 50~100 片。也可内服敌百虫,剂量为 0.05 克 / 千克体重,每天 1 次,连用 2 天。另外,可用香附 75 克、陈皮 50 克、莱菔子 75 克、枳壳 75 克、茯苓 5 克、山楂 100 克、神曲 100 克、麦芽 100 克、槟榔 50 克、青皮 50 克、乌药 50 克、甘草 50 克,水煎一次服用,每头牛每天 1 剂,连用 2 天,可增强牛的食欲。

健胃后的牛精神好,食欲旺盛。如果还有牛食欲不旺,可以每头牛喂干酵母 50 片。如果牛粪便干燥,每头牛可喂复合维生素制剂 20~30 克和少量植物油。

第 三 章
◀◀◀ 牛场防疫制度化 ▶▶▶

第一节　建立科学的牛场防疫体系

随着养牛业的不断发展及养牛规模的不断扩大，养牛场与外界自然经常、广泛、多渠道的交往，为疾病的传入提供了可能，病原体一旦传入就会造成疾病的流行，给养牛生产带来损失。免疫程序、防疫消毒制度、体内外寄生虫的驱除制度的建立、疫病检疫检验、粪便处理和病死牛无害化处理等尤为重要，养牛场只有采取综合性预防措施，才能有效地降低疾病的危害。牛场应制定严格的防疫体系预防传染病的发生。

一、牛场防疫制度的建立

（一）坚持自繁自养

牛场或养牛户要有计划地实行本场繁殖本场饲养，尽量避免从外地买牛带进传染病。

（二）新引进牛检疫

新引进牛一定要从非疫区购买。购买前须经当地兽医部门检疫，签发检疫证明书。对购入的牛进行全身消毒和驱虫后，方可引入场内。进场后，仍应隔离于200米以外的地方，继续观察至少1个月，进一步确认健康后，再并群饲养。

检疫按《中华人民共和国动物防疫法》中有关规定执行。即引入种牛和奶牛时，必须对口蹄疫、结核病、布氏杆菌病、蓝舌病、地方流行型牛白血病、副结核病、牛传染性胸膜肺炎、牛传染性鼻气管炎和黏膜病进行检疫；引入役用牛和育肥牛时，必须对口蹄疫、结核病、布氏杆菌病、副结核病和牛传染性胸膜肺炎进行检疫。

（三）建立完善的防疫制度

1. 谢绝无关人员进入养牛场

必须进入者，须换鞋和穿戴工作服、帽。场外车辆、用具等不准进入场内。出售牛、牛奶一律在场外进行。不从疫区和自由市场上购买草料。本场工作人员进入生产区，也必须更换工作服和鞋帽。饲养人员不得串牛舍，不得借用其他牛舍的用具和设备。场内职工不得私自饲养牲畜或鸡、鸭、鹅、猫、狗等动物。患有结核病和布氏杆菌病的人不得饲养牲畜。不允许在生产区内宰杀或解剖牛，不准把生肉带入生产区或牛舍，不得用未经煮沸的残羹剩饭喂牛。

2. 严格执行消毒制度

在传染病和寄生虫病的防疫措施中，通过消毒杀灭病原体，是预防和控制疫病的重要手段。由于各种传染病的传播途径不同，所采取的措施也不尽一致。对通过消化道传播的疫病，以对饲料、饮水及饲养管理用具消毒为主；对通过呼吸道传播的疫病，则以消毒空气为主；对由节肢或啮齿动物传播的疫病，应以杀虫灭鼠来达到切断传播途径的目的。

平时要建立定期消毒制度，每年春、秋结合转饲、转场，对牛舍、场地和用具各进行一次全面大清扫、大消毒；以后牛舍每周消毒1次，厩床每天用清水冲洗，土面厩床要勤清粪、勤垫圈。产房每次产犊都要消毒。进出车辆必须消毒（图3-1）。

3. 消毒池

养牛场门口要设置消毒池（图3-2），定期更换消毒药水，保持有效浓度，一切人员、车辆进出门口时，必须从消毒池上通过。

4. 消灭老鼠和蚊蝇等吸血昆虫

老鼠和蝇、蚊、虻、蠓、蚋、螨等吸血昆虫，可能传播牛的多

图 3-1　车辆消毒

图 3-2　牛场门口消毒池

种传染病和寄生虫病。所以，应结合日常卫生工作，使灭鼠、灭蝇、灭虫工作常态化，尽量减少和阻断疫病的传播。

二、牛场的防疫计划

　　牛病种类很多，这些疾病严重影响养牛业的发展，造成的经济损失较大。为了预防和消灭牛的疫病，促进养牛业的发展，保障人的身体健康，必须坚决贯彻国务院《家畜家禽防疫条例》，坚持预防为主的方针，使饲养管理科学化，防疫卫生制度化、经常化，以提高科学养牛水平。

有计划地对健康牛群进行预防接种，可以有效地降低传染病侵害。为达到预防接种的预期效果，必须掌握本地区传染病的种类及其发生季节、流行规律，了解牛群的生产、饲养、管理和流动等情况，根据需要制订相应的免疫计划，适时地进行预防接种。此外，在引入或输出牛群、施行外科手术之前，在发生复杂创伤后等，应进行临时性预防注射。对疫区内尚未发病的动物，必要时可做紧急预防接种，但要注意观察，及时发现被激化的病牛。

牛养殖场防疫计划应当包括常发传染病的免疫计划，寄生虫病的驱虫计划，代谢病的监控，奶牛的乳房保健、蹄部保健、消毒计划等。国家标准化养殖小区示范创建活动要求养殖场应将防疫计划和消毒防疫制度在规定工作岗位张贴上墙，并应有详细规范的记录，这些均有利于评价防疫计划的有效性和合理性。对于不同养殖场，防疫计划内容会有差异，但肉牛场业主应了解当地主要流行的疾病，分类并按照其重要性排序，有针对性制订防疫计划。

（一）传染病的防控计划

1．日常预防控制措施

（1）牛场应建围墙和防疫沟　生产区和生活区要分开，生产区门口设置消毒室（内有紫外线等消毒设施）和消毒池，消毒池内放置2%~3%氢氧化钠溶液或0.2%~0.5%过氧乙酸等药物，药物定期更换，以保持有效浓度。

（2）严格控制非生产人员进入生产区　如有必要，经同意后，应更换工作服、鞋帽，经消毒后方可进入。不准携带动物、畜产品、自行车等入场。

（3）牛场工人应保持个人卫生　上班应穿清洁的工作服，戴工作帽，及时修剪指甲。每年至少一次健康检查，凡检出有结核、布氏杆菌病者，应及时调离牛场。

（4）生产区管理　不准解剖尸体，不准养猫、狗及家禽等。

（5）经常保持牛场环境卫生　经常保持牛场卫生的良好状态，运动场内无污泥、砖石、积水及粪尿。保持牛舍干净整洁卫生，牛舍地面、牛槽每天清扫、冲洗，实行每周定期消毒一次。做到夏防暑、冬防寒，及时杀灭蚊蝇。每年春秋两季各进行一次全场全面大消毒。

（6）粪便无害化处理　奶牛粪便可集中发酵后作肥料或其他无害化处理。并经常检查粪便中有无寄生虫及其卵。

（7）免疫接种　每年春季对牛群注射炭疽芽孢疫苗；春秋两季注射口蹄疫和流行热疫苗。采用结核菌素试验，按农业部颁发的《动物检疫操作规程》，每年春秋两季各1次，进行结核病常规检疫。可疑牛经2个月后用同样方法在原部位重新试验。检验时，在颈部另一侧同时注射禽型菌素做对比，以区别出是否是结核病牛。两次检验都呈可疑反应者，判为结核阳性牛。凡检验出的阳性结核牛，一律淘汰。

每年春季检疫布氏杆菌病。先经虎红平板凝集初筛，试验阳性者进行试管凝集试验，出现可疑者，经3~4周重新采血检验，如仍为可疑反应，应判为阳性。凡阳性反应牛一律淘汰。

严格控制牛只进场，凡调入牛只，必须有兽医法定单位的检疫证书并进行结核、布氏杆菌病的检疫；入场前还必须防疫隔离，经确认健康无病者，方可进场。

（8）积极采取疫病扑灭措施　牛场一旦发现传染疫情，应立即（24小时内）上报有关兽医行政部门，并对牛场采取防疫封锁措施，及时隔离病畜，并对未出现症状牛群进行紧急防疫注射，严格控制人、畜、车辆流动。病、死畜应按兽医卫生要求无害化处理。待疫情解除，牛场经全面终末大消毒，并报上级有关部门，方可解除封锁。

2. 制订切实可行的传染病免疫计划（见本章第二节）

3. 发现病牛时应采取的措施

发现奶牛发病，如流口水、发烧、几头牛先后发病等情况，疑为传染病时，应及时隔离病牛，并尽快报告乡镇兽医站诊断。病因不明或自己不能确诊时应采取病料送有关部门检测；确诊为传染病后，要立即采取措施对全部奶牛进行检疫，病牛隔离治疗或者淘汰，对假定健康奶牛进行紧急预防接种或药物预防；病牛污染的场地、器具及其他污染物彻底消毒，病牛吃剩的草料、粪便、垫草进行焚烧处理；病牛及可疑病牛的牛奶、肉、内脏、皮张需经兽医检验，进行无害化处理或者焚烧、深埋。

（二）寄生虫病的防控计划

目前牛寄生虫病的流行在逐渐增加，特别是肝片吸虫、球虫等所引起的感染，在许多牛场都有发生。寄生虫病对牛的危害性因地区和季节不同而有所不同。因此，必须在认真调查疫情的基础上，拟定出适合当地牛群预防和驱虫的防控规划。

1. 重视放牧和饲料卫生管理

严禁夏季在疫区有蜱的小丛林放牧和有钉螺的河流中下游饮水，以免感染焦虫病和血吸虫病；严禁收购肝片吸虫病流行疫区的水生饲料（如水花生）作为牛的粗饲料。

2. 定期检查防疫工作

一是夏秋季各进行 1 次检查疥癣、虱子等体外寄生虫的工作；二是 6—9 月，在流行焦虫病的疫区要定期进行牛群体表检查，重点做好灭蜱工作；三是根据肝片吸虫的发病规律，定期进行计划性驱虫，9 月停喂青草，12 月药物驱虫有效，严重感染区，可再在翌年的 6 月增加一次驱虫；四是春季对犊牛群进行球虫病的普查工作，发现病牛及时驱虫。

3. 驱虫程序

肝片吸虫：4~6 月龄犊牛用左旋咪唑、肝蛭净和芬苯达唑。配种前 30 天驱虫 1 次，用药同上。产后 20 天驱虫 1 次，用哈罗松或蝇毒灵。

球虫：磺胺二甲嘧啶，剂量为 140 毫克 / 千克体重，口服，1 天 2 次，连服 3 天。氨丙啉，每天 20~50 毫克 / 千克体重，连服 5~6 天。莫能霉素，每吨饲料加入 16~33 克。拉萨洛素 112 毫克 / 千克体重。

（三）奶牛的乳房保健计划

1. 挤乳卫生管理

① 挤乳员应保持相对固定，避免频繁调动。

② 挤乳前将牛床打扫清洁，牛体刷拭干净。

③ 挤乳前，挤乳员双手要清洗干净。有疫情时，要用 0.1％ 过氧乙酸溶液洗涤。

④ 洗乳房先用 200~300 毫克／千克有机氯溶液清洗，再用 50℃温水彻底洗净乳房。水要勤换；每头牛固定一条毛巾；洗涤后用干净毛巾擦干乳房。

⑤ 乳房洗净后应按摩使其膨胀。手工挤乳采用拳握式，开始用力宜轻，速度稍慢，逐渐加快速度，每分钟挤压 80~100 次；机器挤乳，真空压力应控制在 0.047~0.051 兆帕，搏动控制在每分钟 60~80 次，防止空挤。

⑥ 无论机器挤奶或手工挤奶，当榨乳完毕，用 3％~4％ 次氯酸钠液或 0.5％~1％ 碘伏浸泡乳头。

⑦ 先挤健康牛，后挤病牛；乳房炎患牛，要用手挤，不能机挤。

⑧ 挤出头两把乳检查乳汁状况，乳房炎乳应收集于专门的容器内，集中处理。

⑨ 洗乳房毛巾、奶具，使用前后必须彻底清洗。洗涤时先用清水，后用温水冲洗，再用 0.5％ 热碱水洗，最后用清水洗。橡胶制品清洗后用消毒液浸泡。

⑩ 挤乳器每次用后均要清洗消毒：每周用苛性钠溶液彻底消毒一次（0.25％ 苛性钠溶液煮沸 15 分钟或用 5％ 苛性钠溶液浸泡后干燥备用）。

2. 隐性乳房炎监测

① 每天检查乳房，发现损伤及时治疗。临床型乳房炎要在兽医的监督下及时治疗，对有可能传播的重病牛立即隔离。

② 泌乳牛每年 3、6、9、11 月进行隐性乳房炎监测，凡阳性反应在 "++" 以上的乳区超过 15％ 时，应对牛群及各挤乳环节做全面检查，找出原因，制定相应解决措施。对反复发病，1 年 5 次

以上，长期不愈，产奶量低的慢性乳房炎病牛，以及某些特异病菌引起的耐药性强、医治无效的病牛，要及时淘汰。

③ 干乳前10天进行隐性乳房炎监测，对阳性反应在"++"以上牛只及时治疗，干乳前3天内再监测一次，阴性反应牛才可停乳。

④ 干奶后1周及产犊前周，每天坚持用广谱杀菌剂对乳头浸泡或喷雾乳头数秒钟。奶牛停奶时，每个乳区注射1次抗菌药物。

⑤ 每次监测应详细记录。

3. 控制乳房感染与传播的措施

① 乳牛停乳时，每个乳区注射1次抗菌药物。

② 产前、产后乳房膨胀较大的牛只，不准强制驱赶起立或急走，蹄尖过长及时修整，防止发生乳房外伤。有吸吮癖牛应从牛群中挑出。

③ 临床型乳房炎病牛应隔离饲养，奶桶、毛巾专用，用后消毒。病牛的乳消毒后废弃，及时合理治疗，痊愈后再回群。

④ 及时治疗胎衣不下、子宫内膜炎、产后败血症等疾病。

⑤ 对久治不愈、慢性顽固性乳房炎病牛，应及时淘汰。

⑥ 乳房卫生保健应在兽医人员具体参与下贯彻实施。

（四）牛的蹄部卫生保健

蹄病在奶牛疾病中发生率较高，占总发病率的9%以上，严重时可导致发病奶牛的废弃，因此，蹄部的卫生保健不应忽视。

1. 保证环境卫生

保持牛舍、运动场地面的平整、干净、干燥，及时清除粪便和污水。

2. 保持奶牛蹄部清洁

夏季可用清水每日冲洗，清洗后用4%硫酸铜溶液喷洒浴蹄，每周喷洒1~2次；冬季可改用干刷洁蹄，浴蹄次数可适当减少。蹄浴是预防蹄病的重要卫生措施。蹄浴较好的溶液是福尔马林液，取福尔马林3~5升加水100升，温度大于15℃，此外，硫酸铜也可作为浴液。装浴液的容器宽度约75厘米，长3~5米，深约15

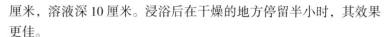

厘米，溶液深 10 厘米。浸浴后在干燥的地方停留半小时，其效果更佳。

3. 定期修蹄

每年应修蹄两次，修蹄工作应由已经培训的专业人员进行。

4. 及时治疗

对患有肢蹄病的奶牛应及时治疗，促使其尽快痊愈。

同时，应给予平衡的全价饲料，以满足奶牛对各种营养成分的需求。禁止用患有肢蹄病缺陷的公牛配种。

第二节 牛常见疫苗与常见传染病的预防接种

一、牛常用的疫苗

（一）牛瘟疫苗

牛瘟疫苗有三种，分别是牛瘟兔化活疫苗、牛瘟山羊化兔化活疫苗、牛瘟绵羊化兔化活疫苗。

1. 牛瘟兔化活疫苗

鲜红色、细致均匀的乳液，静置后下部稍有沉淀，但不至于阻塞针孔。冻干苗为暗红色海绵状疏松团块，易与瓶壁脱离，加稀释液迅速溶解成红色均匀混悬液。必须保存时，不得超过下列期限：15℃以下，24 小时有效；15~20℃，12 小时；21~30℃，6 小时；淋巴、脾组织块于 0~4℃保存，不得超过 4 日。

液体苗用前摇匀，不论年龄、体重、性别，一律皮下或肌内注射 1 毫升。冻干苗用前按瓶签标示，用生理盐水稀释，不分年龄、体重、性别，一律皮下或肌内注射 1 毫升。接种后 14 日产生坚强免疫力，免疫保护期 1 年。

牦牛、朝鲜黄牛、临产前 1 个月的孕牛、分娩后尚未康复的母牛，不宜注射牛瘟兔化活疫苗。个别地区有易感性强的牛种，应先做小区试验，证明疫苗安全有效后，方可在该地区推广使用。

2. 牛瘟山羊化兔化活疫苗

淋巴、脾混合液体疫苗为鲜红、细致、均匀的乳液，静置后下部稍有沉淀物，但不至于阻塞针孔。冻干苗为暗红色或淡红色、海绵状疏松团块，加稀释液后迅速溶解成均匀混悬液。用蔗糖脱脂乳做稳定剂的疫苗，应在 5 分钟内溶解成均匀的混悬液，用血液做稳定剂的疫苗，应在 10~20 分钟内完全溶解。

液体苗一律肌注 2 毫升，冻干苗一律肌注 1 毫升。接种后 14 天产生坚强免疫力，免疫保护期 1 年。

3. 牛瘟绵羊化兔化活疫苗

形状、用法用量、免疫期同牛瘟山羊化兔化活疫苗。但临产前 1 个月的孕牛、产后尚未复原的母牛、可疑病牛以及未满 6 个月的牦牛、犏牛犊，均不宜注射。

（二）牛副伤寒灭活菌苗

本苗静置时上部为灰褐色澄明液体，下部为灰白色沉淀物，振摇后成均匀混悬液。用于预防牛副伤寒及沙门氏菌病。注射后 14 天产生免疫力，免疫保护期为 6 个月。

1 岁以下的小牛肌内注射 1~2 毫升，1 岁以上的牛 2~5 毫升。为增强免疫力，对 1 岁以上的牛，在第一次注射 10 日后，可用相同剂量再注射一次。孕牛应在产前 1.5~2 个月注射，新生犊牛应在 1~1.5 月龄时再注射一次。

已发生副伤寒的牛群，对 2~10 日龄的犊牛，可肌内注射 1~2 毫升。

（三）牛巴氏杆菌灭活菌苗

本品静置后，上层为淡黄色澄明液体，下层为灰白色沉淀，振摇后成均匀乳浊液。主要用于预防牛出血性败血症（牛巴氏杆菌病）。在 2~15℃冷暗干燥处保存，有效期 1 年，28℃以下阴暗干燥处保存，有效期为 9 个月。

皮下或肌内注射，体重 100 千克以下的牛，注射 4 毫升，100 千克以上的牛，6 毫升。病弱牛、食欲或体温不正常的牛、怀孕后期的牛，均不宜注射。

（四）牛肺疫活菌苗

液体苗为黄红色液体，底部有白色沉淀，冻干苗为黄色、海绵状疏松团块，易与瓶壁脱离，加稀释液后迅速溶解成均匀混悬液。在 0~4℃低温冷藏，有效期 10 天，在 10℃左右的水井、地窖等冷暗处保存，有效期 7 天。主要用于预防牛肺疫（牛传染性胸膜肺炎）。免疫保护期为 1 年。

用 20% 氢氧化铝胶生理盐水稀释液按 1∶500 倍稀释，为氢氧化铝苗；用生理盐水按 1∶100 倍稀释，为盐水苗。氢氧化铝苗臀部肌内注射，成年牛 2 毫升，6~12 个月小牛 1 毫升。盐水苗尾端皮下注射，成年牛 1 毫升，6~12 个月小牛 0.5 毫升。

（五）口蹄疫 O 型、A 型活疫苗

用口蹄疫 O 型、A 型毒株制成，为暗红色液体，静置后瓶底有部分沉淀，振摇后成均匀混悬液。注苗后 14 天产生免疫力，免疫保护期 4~6 个月。12~24 月龄的牛每头注射 1 毫升，24 月龄以上的牛每头注射 2 毫升。12 月龄以下的牛不宜注射。

注苗后的牛应控制 14 天，不得随意移动，以便观察，也不得与猪接触。接种后若有多数牛发生严重反应，应严格封锁，加强护理。经常发生口蹄疫的地区，第一年注射 2 次，以后每年注射一次即可。防疫人员的衣物、工具、器械、疫苗瓶等，都要严格消毒处理。

（六）牛口蹄疫活疫苗

本品为略带红色或乳白色的黏滞性液体，在 4~8℃阴暗条件下保存，有效期 10 个月。用于牛 O 型口蹄疫的预防接种和紧急免疫。免疫保护期 6 个月。肌内注射，1 岁以下的牛每头 2 毫升，成年牛每头 3 毫升。

（七）狂犬病灭活疫苗

用于预防狂犬病，免疫保护期 6 个月。后腿或臀部肌内注射，牛用量为 25~30 毫升。紧急预防时，可间隔 3~5 天注射 2 次。

（八）伪狂犬病活疫苗

用于预防伪狂犬病，接种后第 6 天产生免疫力，免疫保护期 1 年。2~4 月龄的牛第一次注射 1 毫升，断奶后再接种 2 毫升，5~12 月龄犊牛 2 毫升，12 月龄以上和成年牛 3 毫升。

（九）牛环形泰勒虫活虫苗

本品在 4℃冰箱内保存时，呈半透明、淡红色胶冻状，在 40℃温水中融化后无沉淀、无异物。用于预防牛环形泰勒虫病。注射后 21 天产生免疫力，免疫保护期 1 年。

疫苗有 100 毫升、50 毫升、20 毫升瓶装，每毫升含 100 万个活细胞。临用前，在 38~40℃温水内融化 5 分钟，振摇均匀后注射。不论年龄、性别、体重，一律在臀部肌内注射 1~2 毫升。

（十）抗牛瘟血清

黄色或淡棕色澄明液体，久置瓶底微有灰白色沉淀。用于治疗或紧急预防牛瘟，免疫保护期 14 天。肌内或静脉注射，预防量，100 千克以下的牛 30~50 毫升，100~200 千克的牛 50~80 毫升，200 千克以上的牛 80~100 毫升。治疗量加倍。

二、牛常见传染病的预防接种

结核病、副结核、布氏杆菌病已为牛场所普遍了解和重视，为控制其发生和传播，我国养牛界已总结出净化"三病"的有效措施。牛易患传染病的免疫程序如下。

1. 牛口蹄疫

每年春、秋两季各用同型的口蹄疫弱毒疫苗接种一次，肌内或皮下注射，1~2 岁牛 1 毫升，2 岁以上 2 毫升。注射后 14 天产生免疫力，免疫期 4~6 个月。若第 1 次注射后，间隔 15 天再注射一次会产生更强的保护力。本疫苗残余毒力较强，能引起一些幼牛发病，因此，1 岁以下的牛不接种。

2. 牛传染性鼻气管炎

4~6 月龄犊牛接种；空怀青年母牛在第 1 次配种前 40~60 天接种；妊娠母牛在分娩后 30 天接种。奶牛已注射过该疫苗的牛场，对 4 月龄以下的犊牛，不接种任何疫苗。

3. 牛病毒性腹泻

牛病毒性腹泻疫苗任何时候都可以使用，妊娠母牛也可以使用，第 1 次注射后 14 天应再注射一次。牛病毒性腹泻弱毒苗：1~6 月龄犊牛接种；空怀青年母牛在第 1 次配种前 40~60 天接种；妊娠母牛在分娩后 30 天接种。

4. 牛布氏杆菌病

在布氏杆菌病常发地区，每年要定期对检疫阴性的牛进行接种。有 4 种疫苗：一是流产布氏杆菌 19 号弱毒疫苗，用于处女牛，即 6~8 月龄时免疫一次，必要时在受胎前加强免疫一次，每次颈部皮下注射 5 毫升（含有 600 亿 ~800 亿个活菌），免疫期可达 7 年。二是布氏杆菌牛型 5 号冻干苗，用于 3~8 月龄的犊牛，可皮下注射（含菌 500 亿个 / 头），免疫期 1 年。以上两种疫苗，公牛、成年母牛和妊娠母牛均不宜使用。三是布氏杆菌猪型 2 号冻干弱毒苗，公、母牛均可使用，妊娠牛不宜使用，以免发生流产。可供皮下注射和口服接种，皮下注射和口服时含菌数为 500 亿个 / 头，免疫期 2 年以上。四是牛型布氏杆菌 45/20 佐剂疫苗，不论年龄、妊娠与否均可注射，接种 2 次，第一次注射后 6~12 周时再注射一次。

5. 炭疽

经常发生炭疽和受该病威胁的地区，每年春秋季应做炭疽疫苗预防接种 1 次。炭疽疫苗有 3 种，使用时任选一种。一是无毒炭疽芽孢苗，1 岁以上的牛皮下注射 1 毫升，1 岁以下的 0.5 毫升。二是第二号炭疽芽孢苗，大小牛一律皮下注射 1 毫升。三是炭疽芽孢氢氧化铝佐剂苗或称浓缩炭疽芽孢苗，是以上两种芽孢苗的 10 倍浓缩制品，使用时 1 份浓缩苗加 9 份 20% 氢氧化铝胶稀释后，按无毒芽孢苗或第二号炭疽芽孢苗的用法、用量使用。以上各苗均在接种后 14 天产生免疫力，免疫期 1 年。

三、其他牛用疫苗及使用方法

1. 狂犬病免疫

对被疯狗咬伤的牛，应立即接种狂犬病疫苗，颈部皮下注射 2 次，每次 25~50 毫升，间隔 3~5 天。免疫期 6 个月。在狂犬病多发地区，也可用来定期预防接种。

2. 伪狂犬病免疫

疫区内的牛，每年秋季接种牛牛伪狂犬病氢氧化铝甲醛苗 1 次，颈部皮下注射，成年牛 10 毫升，犊牛 8 毫升。必要时 6~7 天后加强注射 1 次。免疫期 1 年。

3. 牛痘免疫

牛痘常发地区，每年冬季给断奶后的犊牛接种牛痘苗 1 次，皮内注射 0.2~0.3 毫升。免疫期 1 年。

4. 牛瘟免疫

用于受牛瘟威胁地区的牛。牛瘟疫苗有多种，我国普遍使用的是牛瘟绵牛化兔化弱毒疫苗，适用于朝鲜牛和牦牛以外所有品种的牛。本苗按制造和检验规程应就地制造使用。以制苗兔血液或淋巴、脾脏组织制备的湿苗（1∶100），无论大小牛一律肌内注射 2 毫升，冻干苗按瓶签规定的方法使用，接种后 14 天产生免疫力。免疫期 1 年以上。

5. 气肿疽免疫

对近 3 年内曾发生过气肿疽的地区，每年春季接种气肿疽明矾菌苗 1 次，大小牛一律皮下接种 5 毫升，小牛长到 6 个月时，加强免疫 1 次。接种后 14 天产生免疫力。免疫期约 6 个月。

6. 肉毒梭菌中毒症免疫

常发生肉毒梭菌中毒症地区的牛，应每年在发病季节前，使用同型毒素的肉毒梭菌苗预防接种 1 次。如 C 型菌苗，每牛皮下注射 10 毫升。免疫期可达 1 年。

7. 破伤风免疫

发生破伤风的地区，应每年定期接种精制破伤风类毒素 1 次，大牛 1 毫升，小牛 0.5 毫升，皮下注射，接种后 1 个月产生免疫力。免疫期 1 年。当发生创伤或手术（特别是阉割术）有感染危险时，可临时再接种 1 次。

8. 牛巴氏杆菌病免疫

历年发生牛巴氏杆菌病的地区，在春季或秋季定期预防接种 1 次；在长途运输前随时加强免疫 1 次。我国当前使用的是牛出血性败血病氢氧化铝菌苗，体重在 100 千克以下的牛 4 毫升，100 千克以上的 6 毫升，均皮下或肌内注射，注射后 21 天产生免疫力。免疫期 9 个月。怀孕后期的牛不宜使用。

9. 牛传染性胸膜肺炎免疫

疫区和受威胁区域的牛应每年定期接种牛肺疫兔化弱毒苗。接种时，按瓶签标明的用量，用 20% 氢氧化铝胶生理盐水稀释 50 倍，臀部肌内注射，牧区成年牛 2 毫升，6~12 月龄小牛 1 毫升；农区黄牛尾端皮下注射，用量减半；或以生理盐水稀释，于距尾尖 2~3 厘米处皮下注射，大牛 1 毫升。6~12 月龄牛 0.5 毫升。注射后出现反应者可用"914"（新胂凡纳明）治疗。接种后 21~28 天产生免疫力。免疫期 1 年。

四、牛场免疫程序的制定与实施

① 调查牛场免疫程序，看是否制定免疫程序，并严格执行其免疫程序。根据当地传染病流行规律，建议执行表 3-1 的免疫程序。

表 3-1　规模牛场建议免疫程序

月份	免疫或检疫	疫苗	方法	途径
4 月	口蹄疫	口蹄疫 A 型、O 型亚洲 I 型双价苗	12 月龄以上注射 2 毫升，12 月龄以下 1 毫升，两种苗间隔一周注射	肌内注射
	结核	提纯牛型结合菌素	成母牛 1 毫升，皮差 0.8 毫米以上为阳性	皮内注射
	布病	布氏杆菌平板抗原	有凝集者，或连续两次可以者判为阳性	凝集试验
5 月	流行热	牛流行热疫苗	12 月龄以上注射 4 毫升，12 月龄以下 2 毫升	皮下注射
10 月	结核	提纯牛型结合菌素	成母牛 1 毫升，皮厚 0.8 毫米以上为阳性	皮内注射
	布病	布氏杆菌平板抗原	有凝集者，或连续两次可以者判为阳性	凝集试验
	口蹄疫	口蹄疫 A 型、O 型亚洲 I 型双价苗	12 月龄以上注射 2 毫升，12 月龄以下 1 毫升，两种苗间隔一周注射	肌内注射

　　疫苗须严格按照免疫剂量注射，做到全群、及时、适时三个要求。注射疫苗的档案须建立，并及时提醒免疫时间；两种不同的疫苗注射间隔不应少于一周时间。

　　② 如遇特殊情况，可进行紧急免疫。紧急免疫应根据疫苗或抗血清的性质、疫病发生及其在动物群中的流行特点进行合理的安排，接种后能够迅速产生保护力的一些弱毒苗或高免血清，可以用于急性病的紧急接种。

　　③ 引种时，不从疫区购买。购入奶牛前，须检疫布病和结核，购入后须隔离 30 日，确认健康方可混饲。

　　④ 注射口蹄疫疫苗时，可同时接种 3 种苗，也可分开并间隔一周时间注射。同时接种可减少疫苗应激次数。在注射疫苗后 15

日后抽检抗体，群体的平均抗体滴度低于 1∶128 时，补免。在口蹄疫防疫过程中，建议按照表 3-1 免疫，在免疫后 5 个月可抽检抗体水平，如果平均抗体滴度低于 1∶128 再免。

⑤ 在传染病控制的过程中，还要区分净道和污道。饲料车、干草等的运输均需由净道进入，而粪便等的清除和运输均由污道运出。同时，需要严格按照消毒程序消毒。

⑥ 在场外 200 米的地方解剖病死牛，并深埋脏器，同时加入生石灰。

五、免疫接种注意事项

① 生物药品的保存、使用应按说明书规定。

② 接种时用具（注射器、针头）及注射部位应严格消毒。

③ 生物药品不能混合使用，更不能使用过期疫苗。

④ 装过生物药品的空瓶和当天未用完的生物药品，应该焚烧或深埋（至少埋 46 厘米深）；焚烧前应撬开瓶塞，用高浓度漂白粉溶液冲洗。

⑤ 疫苗接种后 2~3 周要观察接种牛，如果接种部位出现局部肿胀、体温升高症状，一般可不作处理；如果反应持续时间过长，全身症状明显，应请兽医诊治。

建立免疫接种档案，每接种一次疫苗，都应详细登记接种日期、疫苗种类、生物药品批号等。

第三节　牛病的药物预防

一、规范使用各种兽药

（一）建立药物管理制度

1. 建立完整的药品购进记录

不向无药品经营许可证的销售单位购药物，用药标签和说明书符合农业部规定的要求，不购禁用药、无批准文号、无成分的药品，购进药物时，必须做好产品质量验收和购药记录。

药品质量验收，包括药品外观性质检查、药品内外包装及标识的检查，主要内容有品名、规格、主要成分、批准文号、生产日期、有效期等。购药记录内容包括药品的品名、剂量、规格、有效期、生产厂商、供货单位、购进数量、购货日期等。

2.建立严格的仓库保管制度

搬运、装卸药品时应轻拿轻放、严格按照药品外包装标志要求堆放和采取措施。

药品仓库专仓专用、专人专管。在仓库内不得堆放其他杂物，特别是易燃易爆物品。药品按剂量或用途及储存要求分类存放，陈列药品的货柜或橱柜应保持清洁和干燥。地面必须保持整洁，非相关人员不得进入。

药品出库应开《药品领用记录》，详细填写品种、剂型、规格、数量、使用日期、使用人员、何处使用，需在技术员指导下使用，并做好记录，严格遵守停药期。

3.建立规范的处方用药制度

用药必须施行处方管理制度，处方内容包括用药名称、剂量、使用方法、使用频率、用药目的，处方需经过监督员签字审核，确保不使用禁用药和不明成分的药物，领药者凭用药处方领药使用。

（二）按照规定要求用药

用于预防、治疗和诊断疾病的兽药，应符合《中华人民共和国兽药典》《中华人民共和国兽药规范》《中华人民共和国兽用生物制品质量标准》《兽药质量标准》《进口兽药质量标准》和《饲料药物添加剂使用规范》的相关规定。所用兽药必须来自具有《兽药生产许可证》和产品批准文号的生产企业或者具有《进口兽药许可证》的供应商。所用兽药的标签应符合《兽药管理条例》的规定。

① 优先使用疫苗预防肉牛疫病，应结合当地实际情况接种疫苗。

② 允许使用符合《中华人民共和国兽药典》《中华人民共和国

兽药规范》、《兽药质量标准》和《进口兽药质量标准》规定的消毒防腐剂对饲养环境、厩舍和器具消毒，同时应符合 NY/T 5128 的规定。

③ 允许使用符合《中华人民共和国兽药典》和《中华人民共和国兽药规范》规定的用于肉牛疾病预防和治疗的中药材和中药成方制剂。

④ 允许使用符合《中华人民共和国兽药典》《中华人民共和国兽药规定》《兽药质量标准》和《进口兽药质量标准》规定的钙、磷、硒、钾等补充药，酸碱平衡药，体液补充药，电解质补充药，营养药，血容量补充药，抗贫血药，维生素类药，吸附药，泻药，润滑剂，酸化剂，局部止血药，收敛药和助消化药。

⑤ 允许使用国家畜牧兽医行政管理部门批准的微生态制剂。

⑥ 允许使用中华人民共和国农业行业标准——无公害食品（第二批）养殖业部分中的抗寄生虫药、抗菌药和饲料药物添加剂，使用中应注意以下 2 点：严格遵守规定的用法与用量；休药期应严格遵守规定的时间。

⑦ 建好各种档案

建立并保存肉牛的免疫程序记录，患病与用药记录，治疗用药记录包括患病肉牛的畜号或其他标志、发病时间及症状、治疗用药物名称（商品及有效成分）、给药途径及剂量、治疗时间和疗程等；预防或促生长混饲给药记录包括所用药物名称（商品名称及有效成分）、剂量和疗程等。

（三）不用禁用药物

为保证牛肉品质和食物安全，维护居民身体健康，肉牛场应严格执行农业部颁布的《食品动物禁用的兽药及其他化合物清单》（表 3-2）。

表 3-2 食品动物禁用的兽药及其他化合物清单

序号	兽药等化合物名称	禁止用途	禁用动物
1	β-兴奋剂类：克仑特罗、沙丁胺醇、西马特罗及其盐、酯及制剂	所有用途	所有食品动物
2	性激素类：己烯雌酚及其盐、酯及制剂	所有用途	所有食品动物
3	具有雌激素样作用的物质：玉米赤霉醇、去甲雄三烯醇酮、醋酸甲孕酮及制剂	所有用途	所有食品动物
4	氯霉素及其盐、酯（包括：琥珀氯霉素）及制剂	所有用途	所有食品动物
5	氨苯砜及制剂	所有用途	所有食品动物
6	硝基呋喃类：呋喃唑酮、呋喃它酮、呋喃苯烯酸钠及制剂	所有用途	所有食品动物
7	硝基化合物：硝基酚钠、硝呋烯腙及制剂	所有用途	所有食品动物
8	催眠、镇静类：安眠酮及制剂	所有用途	所有食品动物
9	林丹（丙体六六六）	杀虫剂	所有食品动物
10	毒杀芬（氯化烯）	杀虫剂、清塘剂	所有食品动物
11	呋喃丹（克百威）	杀虫剂	所有食品动物
12	杀虫脒（克死螨）	杀虫剂	所有食品动物
13	双甲脒	杀虫剂	水生食品动物
14	酒石酸锑钾	杀虫剂	所有食品动物
15	锥虫胂胺	杀虫剂	所有食品动物
16	孔雀石绿	抗菌、杀虫剂	所有食品动物
17	五氯酚酸钠	杀螺剂	所有食品动物
18	各种汞制剂包括：氯化亚汞（甘汞），硝酸亚汞、醋酸汞、吡啶基醋酸汞	杀虫剂	所有食品动物

（续表）

序号	兽药等化合物名称	禁止用途	禁用动物
19	性激素类：甲基睾丸酮e、丙酸睾酮、苯丙酸诺龙、苯甲酸雌二醇及其盐、酯及制剂	促生长	所有食品动物
20	催眠、镇静类：氯丙嗪、地西泮（安定）及其盐、酯及制剂、	促生长	所有食品动物
21	硝基咪唑类：甲硝唑、地美硝唑及其盐、酯及制剂、	促生长	所有食品动物

另外，农业部公告《农业部公告禁用兽药目录汇总》（第2292号），自2015年12月31日起，停止生产用于食品动物的洛美沙星、培氟沙星、氧氟沙星、诺氟沙星4种原料药的各种盐、酯及其各种制剂，涉及的相关企业的兽药产品批准文号同时撤销。2015年12月31日前生产的产品，可以在2016年12月31日前流通使用。

自2016年12月31日起，停止经营、使用用于食品动物的洛美沙星、培氟沙星、氧氟沙星、诺氟沙星4种原料药的各种盐、酯及其各种制剂。

（四）严格执行休药期

休药期是指从停止用药到许可屠宰的间隔时间。肉牛场必须严格执行休药期，在肉牛上市前必须按规定时间停药。临床常用药物的休药期及用药限制见表3-3。

表3-3　临床常用药物的停药期规定

兽药名称	执行标准	肉牛停药期（天）
乙酰甲喹片	兽药规范92版	35
二氢吡啶	部颁标准	7
土霉素片	兽药典2000版	7
土霉素注射液	部颁标准	28
双甲脒溶液	兽药典2000版	21

（续表）

兽药名称	执行标准	肉牛停药期（天）
水杨酸钠注射液	兽药规范 65 版	0
四环素片	兽药典 90 版	12
甲砜霉素片	部颁标准	28
甲砜霉素散	部颁标准	28
甲基前列腺素 F2a 注射液	部颁标准	1
亚硒酸钠维生素 E 注射液	兽药典 2000 版	28
亚硒酸钠维生素 E 预混剂	兽药典 2000 版	28
亚硫酸氢钠甲萘醌注射液	兽药典 2000 版	0
伊维菌素注射液	兽药典 2000 版	35
地西泮注射液	兽药典 2000 版	28
地塞米松磷酸钠注射液	兽药典 2000 版	21
安乃近片	兽药典 2000 版	28
安乃近注射液	兽药典 2000 版	28
安钠咖注射液	兽药典 2000 版	28
吡喹酮片	兽药典 2000 版	28
芬苯哒唑片	兽药典 2000 版	21
芬苯哒唑粉 （苯硫苯咪唑粉剂）	兽药典 2000 版	14
苄星邻氯青霉素注射液	部颁标准	28 天，产犊后 4 天禁用
阿司匹林片	兽药典 2000 版	0
阿苯达唑片	兽药典 2000 版	14
阿维菌素透皮溶液	部颁标准	42
乳酸环丙沙星注射液	部颁标准	14
注射用三氮脒	兽药典 2000 版	28
注射用苄星青霉素（注射用 苄星青霉素 G）	兽药规范 78 版	4
注射用乳糖酸红霉素	兽药典 2000 版	14
注射用苯唑西林钠	兽药典 2000 版	14

（续表）

兽药名称	执行标准	肉牛停药期（天）
注射用青霉素钠	兽药典 2000 版	0
注射用青霉素钾	兽药典 2000 版	0
注射用氨苄青霉素钠	兽药典 2000 版	6
注射用盐酸土霉素	兽药典 2000 版	8
注射用盐酸四环素	兽药典 2000 版	8
注射用酒石酸泰乐菌素	部颁标准	28
注射用喹嘧胺	兽药典 2000 版	28
注射用氯唑西林钠	兽药典 2000 版	10
注射用硫酸双氢链霉素	兽药典 90 版	18
注射用硫酸卡那霉素	兽药典 2000 版	28
注射用硫酸链霉素	兽药典 2000 版	18
苯丙酸诺龙注射液	兽药典 2000 版	28
苯甲酸雌二醇注射液	兽药典 2000 版	28
复方水杨酸钠注射液	兽药规范 78 版	28
复方氨基比林注射液	兽药典 2000 版	28
复方磺胺对甲氧嘧啶片	兽药典 2000 版	28
复方磺胺对甲氧嘧啶钠注射液	兽药典 2000 版	28
复方磺胺甲噁唑片	兽药典 2000 版	28
复方磺胺嘧啶钠注射液	兽药典 2000 版	12
枸橼酸乙胺嗪片	兽药典 2000 版	28
枸橼酸哌嗪片	兽药典 2000 版	28
氢化可的松注射液	兽药典 2000 版	0
氢溴酸东莨菪碱注射液	兽药典 2000 版	28
洛克沙胂预混剂	部颁标准	5
蒽诺沙星注射液	兽药典 2000 版	14
氨苯胂酸预混剂	部颁标准	5
氨茶碱注射液	兽药典 2000 版	28
盐酸左旋咪唑	兽药典 2000 版	2

（续表）

兽药名称	执行标准	肉牛停药期（天）
盐酸左旋咪唑注射液	兽药典 2000 版	14
维生素 C 注射液	兽药典 2000 版	0
维生素 D_3 注射液	兽药典 2000 版	28
维生素 E 注射液	兽药典 2000 版	28
奥芬达唑片（苯亚砜哒唑）	兽药典 2000 版	7
普鲁卡因青霉素注射液	兽药典 2000 版	10
氯氰碘柳胺钠注射液	部颁标准	28
氯硝柳胺片	兽药典 2000 版	28
氰戊菊酯溶液	部颁标准	28
硝氯酚片	兽药典 2000 版	28
硫酸卡那霉素注射液（单硫酸盐）	兽药典 2000 版	28
硫酸黏菌素可溶性粉	部颁标准	7
硫酸黏菌素预混剂	部颁标准	7
碘醚柳胺混悬液	兽药典 2000 版	60
精制马拉硫磷溶液	部颁标准	28
精制敌百虫片	兽药规范 92 版	28
蝇毒磷溶液	部颁标准	28
醋酸地塞米松片	兽药典 2000 版	0
醋酸泼尼松片	兽药典 2000 版	0
醋酸氢化可的松注射液	兽药典 2000 版	0
磺胺二甲嘧啶片	兽药典 2000 版	10
磺胺二甲嘧啶钠注射液	兽药典 2000 版	28
磺胺对甲氧嘧啶、二甲氧苄氨嘧啶片	兽药规范 92 版	28
磺胺对甲氧嘧啶、二甲氧苄氨嘧啶预混剂	兽药典 90 版	28
磺胺对甲氧嘧啶片	兽药典 2000 版	28
磺胺甲噁唑片	兽药典 2000 版	28

（续表）

兽药名称	执行标准	肉牛停药期（天）
磺胺间甲氧嘧啶片	兽药典 2000 版	28
磺胺间甲氧嘧啶钠注射液	兽药典 2000 版	28
磺胺脒片	兽药典 2000 版	28
磺胺嘧啶片	兽药典 2000 版	28
磺胺嘧啶钠注射液	兽药典 2000 版	10
磺胺噻唑片	兽药典 2000 版	28
磺胺噻唑钠注射液	兽药典 2000 版	28
磷酸左旋咪唑片	兽药典 90 版	2
磷酸左旋咪唑注射液	兽药典 90 版	14
磷酸哌嗪片（驱蛔灵片）	兽药典 2000 版	28

（五）注意配伍禁忌

配伍禁忌，是指两种或两种以上药物混合使用时，发生中和、水解、破坏失效等理化反应，外观上出现浑浊、沉淀、产生气体及变色等异常现象，减弱药物的治疗作用，导致治疗失败，或者毒副作用增强，引起严重不良反应，甚至导致畜禽死亡。因此，兽医临床上应注意药物合理配伍，严禁发生配伍禁忌（表3-4）。

表3-4　兽用常用药物配伍禁忌表

分类	药物	配伍药物	配伍使用结果
青霉素类	青霉素钠、钾盐；氨苄西林类；阿莫西林类	喹诺酮类、氨基糖苷类、（庆大霉素除外）、多黏菌类	效果增强
		四环素类、头孢菌素类、大环内酯类、氯霉素类、庆大霉素、利巴韦林、培氟沙星	相互拮抗或疗效相抵，或产生副作用，应分别使用、间隔给药
		维生素C、维生素B、罗红霉素、维生素C多聚磷酸酯、磺胺类、氨茶碱、高锰酸钾、盐酸氯丙嗪、B族维生素、过氧化氢	沉淀、分解、失效

（续表）

分类	药物	配伍药物	配伍使用结果
头孢菌素类	"头孢"系列	氨基糖苷类、喹诺酮类	疗效降低，毒性增强
		青霉素类、洁霉素类、四环素类、磺胺类	相互拮抗或疗效相抵或产生副作用，应分别使用、间隔给药
		维生素C、维生素B、磺胺类、罗红霉素、氨茶碱、氯霉素、氟苯尼考、甲砜霉素、盐酸强力霉素	沉淀、分解、失败
		强利尿药、含钙制剂	与头孢噻吩、头孢噻呋等头孢类药物配伍会增加毒副作用
氨基糖苷类	卡那霉素、阿米卡星、核糖霉素、妥布霉素、庆大霉素、大观霉素、新霉素、巴龙霉素、链霉素等	抗生素类	应尽量避免与抗生素类药物联合应用，大多数本类药物与多数抗生素联用会增加毒性或降低疗效
		青霉素类、头孢菌素类、洁霉素类、TMP	疗效增强
		碱性药物（如碳酸氢钠、氨茶碱等）、硼砂	疗效、毒性同时增强
		维生素C、B族维生素	疗效减弱
		氨基糖苷同类药物、头孢菌素类、万古霉素	毒性增强
	大观霉素	氯霉素、四环素	拮抗作用，疗效抵消
	卡那霉素、庆大霉素	其他抗菌药物	不可同时使用

（续表）

分类	药物	配伍药物	配伍使用结果
大环内酯类	红霉素、罗红霉素、硫氰酸红霉素、替米考星、吉他霉素（北里霉素）、泰乐菌素、替米考星、乙酰螺旋霉素、阿齐霉素	洁霉素类、麦迪素霉、螺旋霉素、阿司匹林	降低疗效
		青霉素类、无机盐类、四环素类	沉淀，降低疗效
		碱性物质	增强稳定性，增强疗效
		酸性物质	不稳定、易分解失效
四环素类	土霉素、四环素（盐酸四环素）、金霉素（盐酸金霉素）、强力霉素（盐酸多西环素、脱氧土霉素）、米诺环素（二甲胺四环素）	甲氧苄啶、三黄粉	稳效
	土霉素、四环素（盐酸四环素）、金霉素（盐酸金霉素）、强力霉素（盐酸多西环素、脱氧土霉素）、米诺环素（二甲胺四环素）	含钙、镁、铝、铁的中药如石类、壳贝类、骨类、矾类、脂类等，含碱类，含鞣质的中成药、含消化酶的中药如神曲、麦芽、豆豉等，含碱性成分较多的中药如硼砂等	不宜同用，如确需联用应至少间隔 2 小时
		其他药物	四环素类药物不宜与绝大多数其他药物混合使用
氯霉素类	氯霉素、甲砜霉素、氟苯尼考	喹诺酮类、磺胺类、呋喃类	毒性增强
		青霉素类、大环内酯类、四环素类、多黏菌素类、氨基糖苷类、氯丙嗪、洁霉素类、头孢菌素类、维生素 B 类、铁类制剂、免疫制剂、环林酰胺、利福平	拮抗作用，疗效抵消
		碱性药物（如碳酸氢钠、氨茶碱等）	分解、失效

（续表）

分类	药物	配伍药物	配伍使用结果
喹诺酮类	砒哌酸、"沙星"系列	青霉素类、链霉素、新霉素、庆大霉素	疗效增强
		洁霉素类、氨茶碱、金属离子（如钙、镁、铝、铁等）	沉淀、失效
		四环素类、氯霉素类、呋喃类、罗红霉素、利福平	疗效降低
		头孢菌素类	毒性增强
磺胺类	磺胺嘧啶、磺胺二甲嘧啶、磺胺甲恶唑、磺胺对甲氧嘧啶、磺胺间甲氧嘧啶、磺胺噻唑	青霉素类	沉淀、分解、失效
	磺胺嘧啶、磺胺二甲嘧啶、磺胺甲恶唑、磺胺对甲氧嘧啶、磺胺间甲氧嘧啶、磺胺噻唑	头孢菌素类	疗效降低
		氯霉素类、罗红霉素	毒性增强
		TMP、新霉素、庆大霉素、卡那霉素	疗效增强
	磺胺嘧啶	阿米卡星、头孢菌素类、氨基糖苷类、利多卡因、林可霉素、普鲁卡因、四环素类、青霉素类、红霉素	配伍后疗效降低或抵消或产生沉淀
抗菌增效剂	二甲氧苄啶、甲氧苄啶（三甲氧苄啶、TMP）	参照磺胺药物的配伍说明	参照磺胺药物的配伍说明
		磺胺类、四环素类、红霉素、庆大霉素、黏菌素	疗效增强
		青霉素类	沉淀、分解、失效
		其他抗菌药物	与许多抗菌药物合用可起增效或协同作用，其作用明显程度不一，使用时可摸索规律。但并不是与任何药物合用都有增效、协同作用，不可盲目合用

（续表）

分类	药物	配伍药物	配伍使用结果
洁霉素类	盐酸林可霉素（盐酸洁霉素）、盐酸克林霉素（盐酸氯洁霉素）	氨基糖苷类	协同作用
		大环内酯类、氯霉素	疗效降低
		喹诺酮类	沉淀、失效
多黏菌素类	多黏菌素	磺胺类、甲氧苄啶、利福平	疗效增强
	杆菌肽	青霉素类、链霉素、新霉素、金霉素、多黏菌素	协同作用，疗效增强
		喹乙醇、吉他霉素、恩拉霉素	拮抗作用，疗效抵消，禁止并用
	恩拉霉素	四环素、吉他霉素、杆菌肽	
抗寄生虫药	苯并咪唑类（达唑类）	长期使用	易产生耐药性
		联合使用	易产生交叉耐药性并可能增加毒性，一般情况下应避免同时使用
	其他抗寄生虫药	长期使用	此类药物一般毒性较强，应避免长期使用
		同类药物	毒性增强，应间隔用药，确需同用应减低用量
		其他药物	容易增加毒性或产生拮抗，应尽量避免合用
助消化与健胃药	乳酶生	酊剂、抗菌剂、鞣酸蛋白、铋制剂	疗效减弱
	胃蛋白酶	中药	许多中药能降低胃蛋白酶的疗效，应避免合用，确需与中药合用时应注意观察效果
		强酸、碱性、重金属盐、鞣酸溶液及高温	沉淀或灭活、失效
	干酵母	磺胺类	拮抗，降低疗效
	稀盐酸、稀醋酸	碱类、盐类、有机酸及洋地黄	沉淀、失效
	人工盐	酸类	中和，疗效减弱
	胰酶	强酸、碱性、重金属盐溶液及高温	沉淀或灭活、失效
	碳酸氢钠（小苏打）	镁盐、钙盐、鞣酸类、生物碱类等	疗效降低或分解或沉淀或失效
		酸性溶液	中和失效

（续表）

分类	药物	配伍药物	配伍使用结果
平喘药	茶碱类（氨茶碱）	其他茶碱类、洁霉素类、四环素类、喹诺酮类、盐酸氯丙嗪、大环内酯类、氯霉素类、呋喃妥因、利福平	毒副作用增强或失效
		药物酸碱度	酸性药物可增加氨茶碱排泄、碱性药物可减少氨茶碱排泄
维生素类	所有维生素	长期、大剂量使用	易中毒甚至致死
	B族维生素	碱性溶液	沉淀、破坏、失效
		氧化剂、还原剂、高温	分解、失效
		青霉素类、头孢菌素类、四环素类、多黏菌素、氨基糖苷类、洁霉素类、氯霉素类	灭活、失效
	C族维生素	碱性溶液、氧化剂	氧化、破坏、失效
		青霉素类、头孢菌素类、四环素类、多黏菌素、氨基糖苷类、洁霉素类、氯霉素类	灭活、失效
消毒防腐类	漂白粉	酸类	分解、失效
	酒精（乙醇）	氧化剂、无机盐等	氧化、失效
	硼酸	碱性物质、鞣酸	疗效降低
	碘类制剂	氨水、铵盐类	生成爆炸性的碘化氮
		重金属盐	沉淀、失效
		生物碱类	析出生物碱沉淀
		淀粉类	溶液变蓝
		龙胆紫	疗效减弱
		挥发油	分解、失效
	高锰酸钾	氨及其制剂	沉淀
		甘油、酒精（乙醇）	失效

（续表）

分类	药物	配伍药物	配伍使用结果
	过氧化氢（双氧水）	碘类制剂、高锰酸钾、碱类、药用炭	分解、失效
	过氧乙酸	碱类如氢氧化钠、氨溶液等	中和失效
	碱类（生石灰、氢氧化钠等）	酸性溶液	中和失效
	氨溶液	酸性溶液	中和失效
		碘类溶液	生成爆炸性的碘化氮

备注：

1. 本表为各药品的主要配伍情况，每类产品均侧重该类药品的配伍影响，恐有疏漏，在配伍用药时，应详查所涉及的每一个药品项下的配伍说明。

2. 药品配伍时，有的反应比较明确，因为记录在案；有的不太明确，要看配伍条件，因配伍剂量和条件不同可能产生不同结果。因此，任何药物相互配伍均有可能因条件不同而产生不同结果，甚至发生与"书本知识"截然不同的结果，使用者在配伍用药时应自行摸索规律，切不可盲目相信。

二、牛常用药物及用法

（一）常用抗生素

1. 青霉素 G

对链球菌、肺炎球菌、葡萄球菌、脑膜炎球菌、钩端螺旋体、白喉杆菌、破伤风梭菌、炭疽杆菌和放线菌高度敏感。对结核杆菌、立克次氏体无效，对繁殖期结核杆菌作用强；用量：0.5 万 ~1 万单价 / 千克体重、2~3 次 / 天。牛乳房灌注，挤奶后每个乳室 10 万单位，1~2 次。不宜口服，适宜肌内注射，若静脉注射时，只用钠盐。

2. 氨苄青霉素

用于牛严重感染肺炎、肠炎、败血症、泌尿道感染、犊牛白痢。片剂 0.25 毫克 / 片，每次内服量：12 毫克 / 天，2~3 次 / 天；肌内或静脉注射量：4~15 毫克 / 千克体重，2~4 次 / 天。

3. 土霉素

对多种病原微生物和原虫都有效，用于治疗牛副伤寒、牛出血性败血症、牛布氏杆菌病、牛炭疽、牛子宫内膜炎等，对放线菌病、钩端螺旋体病、气肿疽病有一定疗效。内服用量：10~20 毫克 / 千克体重，分 2~3 次；肌内或静脉注射量：2.5~5 毫克 / 千克体重。

4. 头孢菌素类

头孢菌素除用于青霉素的适应症外，也适用于耐药金色葡萄球菌、革兰氏阴性菌所致的严重呼吸道、泌尿道和乳腺的炎症。有时还用于绿脓杆菌的感染及敏感菌所致的中枢神经系统感染如脑炎等。肌内注射用量：25 毫克 / 千克体重，3 次 / 天。

5. 红霉素

用于治疗耐青霉素的葡萄球菌感染、溶血性链球菌引起的肺炎、子宫内膜炎、败血症。内服用量：2.2 毫克 / 千克体重，每天 3~4 次；深层肌内或静脉注射，2~4 毫克 / 千克体重。

6. 两性霉素 B

用于治疗胃肠道细菌感染，内服不易吸收；静脉注射治疗全身性真菌感染。本品不宜肌内注射，配合阿司匹林、抗组胺药可减少不良反应。静注每次用量：0.125~0.5 毫克 / 千克体重，隔日 1 次，或每周 2 次，总量不能超过 8 毫克 / 千克体重。

7. 卡那霉素

主要应用于革兰氏阴性菌如大肠杆菌、沙门氏菌、布氏杆菌引起的败血症、呼吸道、泌尿系统及乳腺炎。内服用量：3~6 毫克 / 千克体重，3 次 / 天；肌内注射，10~15 毫克 / 千克体重，2 次 / 天。

8. 泰乐菌素

用于胸膜肺炎、肠炎、子宫炎等。肌内注射，1.5~2 毫克 / 千克体重，2 次 / 天。

（二）化学合成抗菌药

1. 磺胺间甲氧嘧啶

对各种全身或局部感染疗效良好，对弓形体病效果更好。内服首次量：0.2 克 / 千克体重；维持量每次用量 0.1 克 / 千克体重。

2. 磺胺二甲氧嘧啶

用于呼吸道、泌尿道、消化道及局部感染，对球虫病、弓形体病疗效较高。内服用量：0.1 克 / 千克体重，1 次 / 天。

3. 磺胺对甲氧嘧啶

用于泌尿道、皮肤及软组织感染。内服首次量：0.2 克 / 千克体重，维持量减半；肌内注射用量：每次 0.1~0.2 毫克 / 千克体重，2 次 / 天。

4. 磺胺嘧啶

治疗脑部细菌感染的首选药物。常用于霍乱、伤寒、出血性败血症、弓形体病的治疗。内服首次量：0.14~0.2 克 / 千克体重；维持量：0.07~0.1 克 / 千克体重，每天 2 次。

5. 磺胺脒

适用于肺炎、腹泻等肠道细菌感染疾病，内服用量：0.1~0.3 克 / 千克体重，分 2~3 次服用。

6. 磺胺醋酰

用于眼部感染如结膜炎、角膜化脓性溃疡，常用 10% 溶液或 30% 软膏。

7. 环丙沙星

对革兰氏阳性菌和阴性菌都有较强的作用；对绿脓杆菌、厌氧菌有较强的抗菌活性，用于敏感菌引起的全身感染及霉形体感染。内服：2.5~5 毫克 / 千克体重，2 次 / 天；肌内注射：2.5~5 毫克 / 千克体重；静脉注射每次用量 2.5 毫克 / 千克体重，2 次 / 天。

8. 恩诺沙星

用于犊牛大肠杆菌、沙门氏菌、霉形体病感染。内服一次量，2.5 毫克 / 千克体重，2 次 / 天，连用 3~5 天。

（三）驱虫药

1. 敌百虫

临床用于治疗各种线虫病，外用治疗牛皮蝇蛆和体虱等外寄生虫病，内服用量：10~50毫克/千克体重；配成2%溶液外用杀螨、蚊、蝇及虱、吸血昆虫。本品安全范围小，易引起中毒，可用阿托品解救。

2. 左旋咪唑

用于驱除蛔虫、线虫；还可用于治疗奶牛乳房炎。无蓄积作用，超量会中毒，可用阿托品解救。内服用量：7.5毫克/千克体重；肌肉或皮下注射，7.5毫克/千克体重。

3. 阿维菌素

对多种线虫如血茅线虫、毛团属线虫、哥伦比亚结节虫及4期幼虫、副丝虫等都有良好的驱除作用；对螨、虱、蝇等也有较好效果；对吸虫和绦虫无效；内服用量：0.2毫克/千克体重，皮下注射用量：每次0.2毫克/千克体重。

4. 硝氯酚

对肝片吸虫成虫有良效，对童虫仅部分有效，内服用量：3~7毫克/千克体重。

5. 吡喹酮

抗血吸虫药，对日本血吸虫的成虫和童虫均有较好疗效。内服用量：25~30毫克/千克体重。

6. 氯硝柳胺

主要驱除肠内绦虫，如莫尼茨绦虫。临床上给药前空腹1夜。对前后盘吸虫、双门吸虫及其幼虫也有驱杀作用，也可用于灭钉螺。内服用量：60~70毫克/千克体重。

7. 氯苯胍

对多种球虫及弓形体有效，内服量：40毫克/千克体重，1次/4天，4天为1疗程，隔5~6天，再用1疗程。

8. 盐酸氨丙啉

对柔嫩和毒害艾美尔球虫有高效抗杀作用；内服或混饲给药25~66毫克/千克体重，1~2次/天。

9. 盐霉素

抗革兰氏阳性菌和梭菌，对厌氧菌高效。用于球虫病防治，盐霉素饲料拌药用量；犊牛：20~50毫克/千克饲料。

10. 贝尼尔

治疗焦虫、锥虫都有作用，特别适合对其他药物耐药的虫株。肌内注射用量：3.5毫克/千克体重。

（四）作用于消化系统的药物

1. 龙胆及制剂

用于食欲减少、消化不良等症。龙胆末口服用量：20~50克；龙胆酊，内服用量：5~10毫升。

2. 大黄及制剂

大黄小剂量时健胃，中剂量时收敛止泻，大剂量时泻下。主要用于健胃；大黄末，内服健胃用量：20~40克；复方大黄酊，内服用量：30~100毫升。

3. 陈皮酊

用于食欲不振、消化不良、积食膨气、咳嗽多痰等症。内服用量：30~100毫升。

4. 人工盐

小剂量可健胃、中和胃酸，用于消化不良，胃肠弛缓；大剂量缓泻，用于便秘。健胃内服用量：50~150克；缓泻用量：200~400克。

5. 鱼石脂

用于瘤胃膨胀、急性胃扩张、前胃弛缓、胃肠臌气、消化不良和腹泻；配合泻药治疗便秘；外用治疗各种慢性炎症。内服用量：10~30克/次。

6. 胃复安

用于治疗牛前胃弛缓、胃肠活动减弱、消化不良、肠膨胀及止吐。内服用量：犊牛 0.1~0.3 毫克 / 千克体重，牛 0.1 毫克 / 千克体重，2~3 次 / 天；肌内或静脉注射用量同片剂。

7. 芒硝

小剂量内服有健胃作用，大剂量可使肠内渗透压提高，保持大量水分，增加肠内容积，稀释肠内容物软化粪便，促进排粪。临床常用于治疗大肠便秘（用 6%~8% 溶液），排除肠内毒物或辅助驱虫药排出虫体、治疗牛第三胃阻塞（用 25%~30% 溶液）、冲洗化脓创和瘘管，促进淋巴外渗，排除细菌和毒素，清洁创面，促进愈合。内服用量健胃 15~50 克；泻下 400~800 克。

8. 液体石蜡

适用于小肠便秘，作用缓和，安全性大，孕牛可用，不宜反复多次使用。内服用量：500~1 000 毫升 / 次。

9. 食用植物油

适用于瘤胃积食、小肠便秘、大肠阻塞。内服用量：500~1 000 毫升 / 次。

10. 鞣酸蛋白

主要用于急性肠炎和非细菌性腹泻。内服用量：10~20 克。

（五）呼吸系统用药

1. 氯化铵

主要用于呼吸道炎症初期、痰液黏稠而不易排出的病牛，也可用于纠正碱中毒。禁止与磺胺药物合用，不可与碱及重金属盐配合使用。内服用量：10~25 克 / 次。

2. 复方甘草合剂

主要作为祛痰、镇咳药，具有镇咳、祛痰、解毒、抗炎、平喘的作用，用于一般性咳嗽。内服用量：50~100 毫升 / 次。

3. 氨茶碱

用于痉挛性支气管炎，急慢性支气管哮喘，心衰气喘；可辅助治疗心性水肿；用于利尿，宜深部肌内或静脉注射，不宜与维生素、盐酸四环素等酸性药物配伍使用。肌内或静脉注射用量：1~2克/次。

（六）血液循环系统用药

1.洋地黄

临床上主要用于充血性心力衰竭、阵发性房性心动过速、急性心内膜炎、心肌炎、牛创伤性心包炎，主动脉瓣闭锁不全病牛禁用。本药安全范围窄，易于中毒。洋地黄粉，内服用量：2~8克/千克体重；静脉注射全效量：0.03~0.04毫克/千克体重。

2.地高辛

常用于治疗各种原因所导致的慢性心功能不全、心房颤动等。静脉注射全效量：0.01毫克/千克体重。

（七）生殖系统用药

1.己烯雌酚

用于子宫发育不全、子宫内膜炎、子宫蓄脓、胎衣不下及死胎。静脉、肌肉或皮下注射用量：75~100单位。

2.雌二醇

用于胎盘滞留、子宫蓄脓、胎衣不下等，配合催产素用于子宫肌无力。肌内注射用量5~20毫克。

3.黄体酮

用于习惯性流产、先兆性流产。肌内注射用量：50~100毫克。

4.促卵泡素

促进卵泡的生长和发育，在小剂量黄体生成素的协同作用下，可促使卵泡分泌雌激素，引起母牛发情。静脉、肌内或皮下注射用量：10~50毫克。

5.黄体生成素

用于促进排卵，治疗卵巢囊肿、早期胚胎死亡或早期习惯性流产等。静脉或皮下注射用量：25毫克。

（八）解热镇痛抗炎药

1. 扑热息痛

用于解热镇痛。内服用量：10~20 毫克 / 千克体重。

2. 阿司匹林

有较强的解热镇痛、抗炎抗风湿作用，用于发热、风湿症和神经、肌肉、关节疼痛。内服用量：15~30 毫克 / 千克体重。

3. 消炎痛

用于治疗风湿性关节炎、神经痛、腱鞘炎、肌肉损伤等。内服用量：1 毫克 / 千克体重。

4. 安乃近

解热镇痛，抗炎抗风湿，解除胃肠道平滑肌痉挛。皮下或肌内注射 3~10 克 / 次。

（九）解毒药

1. 阿托品

对有机磷和拟胆碱药中毒有解毒作用。用于缓解胃肠平滑肌的痉挛性疼痛，解救有机磷和拟胆碱药中毒；亦可于麻醉前给药，减少呼吸道腺体分泌，还可用于缓慢型心律失常。皮下或肌内注射用量：15~30 毫克 / 千克体重。抢救休克和有机磷农药中毒，用量酌情加大。

2. 碘解磷定

有机磷中毒的解毒药，用于有机磷杀虫剂中毒的解救，静脉注射用量：15~30 毫克 / 千克体重。

3. 双解磷

作用与碘解磷定相似，肌内注射或静脉注射用量：3~6 克/ 千克体重。

4. 解氟灵

有机氟杀虫药和毒鼠药氟乙酰胺、氟乙酸钠的解毒药，肌内注射用量：0.1~0.3 毫克 / 千克体重。

5. 亚甲蓝

小剂量可用于亚硝酸盐中毒的解救，大剂量可用于氰化物中毒的解救。静脉用量：亚硝酸盐中毒牛，1~2毫克/千克体重；氰化物中毒牛 25~10毫克/千克体重。

6. 亚硝酸钠

用于氰化物中毒的解救。静脉用量：2克/次。

7. 二巯基丁二酸钠

用于锑、汞、铅、砷等中毒的解救。静脉注射用量：20毫克/千克体重，临用前用生理盐水稀释成 5%~10% 溶液，急性中毒，4次/天，连用4天；对于慢性中毒，1次/天，5~7天为一个疗程。

◄◄◄参考文献►►►

〔1〕孙颖士，钟鸣久．牛羊病防治[M]．北京：高等教育出版社，2005．

〔2〕刘强，闫益波．肉牛标准化规模养殖技术[M]．北京：中国农业科学技术出版社，2013．

〔3〕王道坤．一本书读懂安全养肉牛[M]．北京：化学工业出版社，2016．